FLORET FARM'S

Discovering Dahlias

大丽花

A Guide to Growing and Arranging
Magnificent Blooms

[美] 艾琳·本泽肯　　[美] 吉尔·乔根森　　[美] 朱莉·柴 / 著

[美] 克里斯·本泽肯 / 摄影　　　AKK / 译

科学技术文献出版社
SCIENTIFIC AND TECHNICAL DOCUMENTATION PRESS
·北京·

图书在版编目 (CIP) 数据

大丽花 / (美) 艾琳·本泽肯 (Erin Benzakein),
(美) 吉尔·乔根森 (Jill Jorgensen), (美) 朱莉·柴
(Julie Chai) 著; (美) 克里斯·本泽肯
(Chris Benzakein) 摄影; AKK 译. — 北京: 科学技术
文献出版社, 2021.5

书名原文: Discovering Dahlias

ISBN 978-7-5189-7810-6

Ⅰ.①大… Ⅱ.①艾… ②吉… ③朱… ④克… ⑤A…
Ⅲ.①鸡蛋果—观赏园艺 Ⅳ.①S682.2

中国版本图书馆 CIP 数据核字 (2021) 第 069454 号

著作权合同登记号: 01-2021-1640 号

大丽花

策划编辑：王黛君　责任编辑：王黛君　宋嘉婧　责任校对：张永霞
责任出版：张志平

出 版 者	科学技术文献出版社
地　　址	北京市复兴路 15 号　邮编 100038
编 务 部	（010）58882938，58882087（传真）
发 行 部	（010）58882868，58882870（传真）
邮 购 部	（010）58882873
官方网址	www.stdp.com.cn
发 行 者	科学技术文献出版社发行　全国各地新华书店经销
印 刷 者	艺堂印刷（天津）有限公司
版　　次	2021 年 5 月第 1 版　2021 年 5 月第 1 次印刷
开　　本	710×1000　1/16
字　　数	400 千
印　　张	14
书　　号	ISBN 978-7-5189-7810-6
定　　价	299.00 元

FALLING FOR DAHLIAS
一见倾心大丽花

在我种植过的所有植物里，大丽花是我的最爱。这些珍宝是人们最喜爱的鲜切花之一，种植非常广泛。它们的色彩多样，就像彩虹一般，令人目眩神迷。从仲夏到秋天，它们都能开放出大量的花朵，并且花型多样，大小变化丰富，令人感到惊喜。大丽花除了是最受人们喜爱的鲜切花外，在种植的过程中，它们在生长季节的繁殖能力非常惊人，远胜其他花卉：你可以用单个的块茎或是根插条种植，在生长季结束后就能收成一整丛小植株，这些小植株都是从原来的植株上繁殖出来的，数量有 3 ~ 10 株。种植大丽花就像是一个拓荒者，每个种植季，一旦你开始种植大丽花且只要养护得当，就会拥有稳定的植株收成，甚至可以把这些植株分享给其他人，或是自己再继续种下。

许多年前，当我刚开始种植鲜切花的时候，接到了一通电话，是本地园丁打来的，她说道："和你的孩子们一起，带上铲子，来到我的住所。"那是 10 月一个清爽的早晨，刚刚下过秋季的初霜，我发现她正把大丽花从土地里挖出来。那时，我对大丽花知之甚少，只知道每次拜访她的花园时都感到赏心悦目。我们忙活了一整个上午，从地里把巨大的成丛的块茎挖出来，她从每一个不同品种的大丽花块茎上掰下一块，让我带回家种到自己的花园中。她的慷慨大方让我第一次真正体会到养花的人们是多么的热情与无私。我们整整一休旅车都装满了大丽花块根，但是当我提出付钱给她，或是在她的花园中帮忙除草，以此答谢她的慷慨分享时，她说无须任何的回报。她唯一的要求就是当我的花园建成时，再将这些大丽花分享给其他需要大丽花的园丁们。

自从多年前的那个命中注定的 10 月直到现在，我的大丽花花园已经成长到远远超出了我的预期。在刚刚过去的种植季里，我们种植了大约 800 个独特的大丽花品种和超过 18 000 棵大丽花植株，早已不是当初只有那辆载满泥泞块根的休旅车了。关于大丽花我学到了一件事，一旦你爱上了大丽花，那就没有回头路了。它们有着一种奇特的魔力，最终会以最有趣和最美好的方式填满你的生活。不过最棒的部分是，在每个种植季结束时，把这样的魔力能够再传递给其他人。

尽管大丽花拥有大量热情似火的拥护者，种植者遍布全球，但对于如何种植这些美丽的植物，目前相关信息明显不足。在本书接下来的篇幅中，我会分享如何种植大丽花，详细阐述多种大丽花的植株大小和花型；手把手地教你如何种植和修剪大丽花，以及如何在花艺布置中使用大丽花；这本书还收录了上百种大丽花的品种，并按照颜色分类，这些大丽花都是我最钟爱的。

一直以来，我得到了众多园丁的鼎力相助，他们慷慨豁达又积极乐观，现在，我将这本书作为一份礼物，回馈给这些热忱的人们。同时，我也希望这本书能激励你，让你的生活因大丽花更加充实美好，然而更重要的是，是与他人分享关于大丽花的一切。

目录

CHAPTER ONE

UNDERSTANDING DAHLIAS

了解大丽花

大丽花之所以会如此被大家喜爱，一部分原因是它惊人的多样性。这些华丽的花儿植株大小不同、花型多样、颜色缤纷绚丽，几乎能为不同风格的花园提供多种选择，满足不同的个人喜好。

随着更深入地了解大丽花，你会发现不同的鲜花组织用不同的方式将大丽花进行分类，通常以颜色、花朵大小和花型为基础。例如，美国大丽花学会（ADS），或许是最广为人知的研究大丽花相关知识的组织，在这本书印刷时已将大丽花分出 6 种花朵尺寸，20 种花型和 17 种颜色，并且随着新的大丽花品种的出现，这些数字很可能会再发生改变。然后，ADS 将它们并入一个详细的分类系统中，每个品种在其中都能找到自己的位置。

当采购大丽花时，你会发现有些大丽花卖家遵循 ADS 的大丽花分类系统，而有些卖家却没有遵循这一分类方法。自从我写了本书以来（写这本书主要是为了给那些想要种植且使用大丽花进行花艺设计的人们提供参考），我就精简了分类信息，以使其尽可能简单明了。这些信息是大多数家庭园丁、鲜花农场主和花艺设计师都需要了解的，了解这些信息将有助于你找到最适合你的大丽花。

2

绒球型 (P)　　　迷你球型 (MB)　　　微型 (M)　　　球型 (BA)　　　小型 (BB)

花朵尺寸

　　无论你种植大丽花是为了做花艺设计，还是只是单纯想欣赏院子里大丽花盛开的情景，那么不同的花朵大小，总有适合你的那一个。一些供应商会以不同的方式将花朵大小进行分类，而我们发现以下八种花朵大小，通常是园艺和花艺设计中最为常用的。

绒球型，花朵直径可达 2 英寸（5 厘米），也称为 P 型大丽花

　　微型的圆形花朵看起来像小棒棒糖，生长在长而结实的茎上。它们持久且耐候，是任何花束的绝佳装饰。植株通常在较小的一边。

迷你球型，花朵直径 2 ~ 3.5 英寸（5 ~ 9 厘米），也被称为 MB 型大丽花。

　　这也是圆型球品种，它们的大小正好，因此很适合运用在花艺作品中。它们具有耐候性，即使是在花束中也拥有较长的花期，能保持长久的美丽。

微型，花朵直径可达 4 英寸（10 厘米），也被称为 M 型大丽花

　　微型大丽花的花型大多娇小，深受人们的喜爱。许多独特的花型都属于微型。

球型，超过 3.5 英寸（9 厘米），也称为 BA 型大丽花

　　它们是圆型花朵中最大的大丽花，可供选择的品种也很多。因为它们是花期持续时间最长的植物之一，且能够承受高温，还能抵御气候的变化，所以它们作为切花时的效果非常好。

中型(B)

大型(A)

巨型(AA)

5

小型，4～6英寸（10～15厘米），也称为BB型大丽花

到目前为止，这个类别的品种数量是最丰富的。它们非常适合种植在家里的庭院中，花艺师也很喜欢它们，因为它们不会太大，也不太容易折断，所以很适合运用到花艺设计里。

中型，6～7英寸（15～20厘米），也称为B型大丽花

这个类别是种植规模最大、用途最广泛且花朵大小最具有代表性的大丽花，其种类繁多，甚至包括许多令人垂涎、适合插花的品种。

大型，8～10英寸（20～25厘米），也称为A型大丽花

此类的花朵相当大，是大型插花作品的绝佳材料，如果种植在花园中也会显得非常壮观。它们比餐盘大丽花略小，但仍有着很高的影响力，并且更易于在插花作品中使用。

巨型，10英寸以上（25厘米以上），也称为AA型大丽花

这些通常被称为餐盘大丽花。由于其花朵巨大的尺寸和脆弱的天性，这种类型的大丽花需要一些额外的保护来抵御天气的影响。这些美丽的花儿非常适合大型的花艺作品，它们是真正的赢家。

不对称装饰花型 (ID)

对称装饰花型 (FD)

星型 (ST)

牡丹花型 (PE)

球型 (BA)

小球型 (MB)

绒球型 (P)

兰花型 (O)

复瓣兰花型 (OT)

单瓣型 (S)

小单瓣型 (MS)

花型

　　大丽花不仅花朵大小不同，花型更是多样，其中大多数可分为以下几类：有的花型完全对称，花瓣间隔紧密；有的花型有些松散，但是花瓣繁多。同时，花瓣的样式和长度会有不同，花心也有开或不开两种情况。在选择品种时，人们的喜好差异极大。有些人喜欢仙人掌型，有些人只种植花型不对称装的大丽花。我个人喜欢那些形状有些奇特的大丽花，包括银莲花型、星型、内曲瓣仙人掌型和兰

裂瓣仙人掌型 (SC)

直瓣仙人掌型 (C)

内曲瓣仙人掌型 (IC)

锯齿边缘（流苏边缘）型 (LC)

睡莲型 (WL)

银莲花型 (AN)

领饰型 (CO)

环领型 (NO)

复瓣环领型 (NX)

花型。随着时间的推移，你可能会发现自己被特定的类别吸引，而了解大丽花之间的差异将有助于你选择新品种。我在下面的文章中将提供每个花型的详细信息。

continued ⟶

了解大丽花

不对称装饰花型 (ID)

不对称装饰花型在花开时会有一种柔和、浪漫的特质，它们的花瓣通常非常繁茂。这类包括许多最漂亮和最有用的品种。

小球型 (MB)

这种类型的大丽花品种繁多，花型较小，花朵是圆形，花期非常持久且耐候。如果你正在寻找更强壮的品种来销售，那么小球型的大丽花会非常适合你。

对称装饰花型 (FD)

虽然这种类型的品种较少，但对称装饰花型是我最喜欢用于花艺设计的。巨大的、艳丽的花朵会比其他类型的大丽花显得更加统一和精致，对于大型花艺作品来说，它们是一个令人感到惊喜的花材选择。

绒球型 (P)

这些大丽花是你能想象到的最可爱的品种。这种小巧的球状花朵有大号射击弹珠那么大，非常适合为花束增添趣味和质感。花艺设计师们对此类花型百看不厌。

球型 (BA)

这些大丽花的花朵是圆形，其花期最持久，植株大小中等，最耐寒，如果你种植大丽花用来售卖，那么将这类品种添加到你的种植床是必不可少的。

锯齿边缘（流苏边缘）型 (LC)

这个品种的花朵毛茸茸，看上去很蓬松，外面的花瓣看起来就像被锯齿剪刀剪掉了一样。因为植株过于纤弱，所以鲜花非常容易受到气候灾害的影响，但如果给予一点额外的保护，它们就会为花园和花瓶增加绝妙的质感。

复瓣环领型 (NX)

相较于已有明确分类的大丽花，这个类别的大丽花是变种的集合。它们的共同特征是花型合拢，中心紧密相连，花瓣大小成比例。

continued ⟶

8

对称装饰花型 (FD)

复瓣环领型 (NX)

球型 (BA)

不对称装饰花型 (ID)

小球型 (MB)

绒球型 (P)

锯齿边缘（流苏边缘）型 (LC)

内曲瓣仙人掌型 (IC)

直瓣仙人掌型 (C)

星型 (ST)

睡莲型 (WL)

裂瓣仙人掌型 (SC)

环领型 (NO)

银莲花型 (AN)

睡莲型 (WL)

睡莲型是最受花艺师喜爱的大丽花类别之一，睡莲型的花长在强壮的茎上，通常花头向上生长。这种茶碟状的花朵名字很贴切，就像漂浮在水面的睡莲。

银莲花型 (AN)

这个类别涵盖了许多有趣的新奇品种，事实上，因为它们独特的外观，大多数人永远不会猜到这是大丽花。其花朵有一圈反折的花瓣环绕着一个半圆形的针垫状的花心，类似于重瓣的松果菊。

直瓣仙人掌型 (C)

这类大丽花多针瓣，看起来非常有质感，多年来一直是大丽花育种家关注的焦点，这和它们在花园里格外引人注目有着很大的关系。我发现这些有着豪猪般尖刺的花朵，在遭受天气灾害时会非常脆弱，它们的尖端很容易受到高温的影响。

裂瓣仙人掌型 (SC)

另一种受育种家欢迎的大丽花品种是裂瓣仙人掌型，它们有各种颜色可供选择。这种大丽花在形状上与直瓣型相似，但花瓣没有那么轮廓分明，呈管状，且更加松散。这些花通常有很长的茎，适合用于插花。

内曲瓣仙人掌型 (IC)

在大丽花所有的仙人掌花型中，这个种类是我最喜欢的。它们的花朵有些扭曲，呈管状、羽毛状，让我想起了木偶角色。它们是花园中有趣的花材，也是花园访客们谈论的焦点。

环领型 (NO)

在某种程度上，这个类别是稀有品种的集合。这一组最独特的是，花心与环状外部花瓣相得益彰。

星型 (ST)

这个类别的花朵格外有质感，非常引人注目。它们边缘锋利的花瓣向茎部反折，就像五颜六色的流星。

continued ⟶

复瓣兰花型 (OT)

复瓣兰花型与兰花型大丽花类似，但它的花朵内部有着蓬松的内瓣圈，这使得星形花朵的外观更加精致浪漫。我喜欢把它们用于花束中，因为它们能增添趣味与质感。

领饰型 (CO)

领饰型大丽花有着可爱的单瓣花朵和环状的褶皱内瓣，一起环绕着闪闪发亮的花心。领饰型会使各种花束变得愈发可爱。

单瓣型 (S)

单瓣型是我最爱的大丽花之一，雏菊般的花朵在花艺作品中能给人带来愉悦。花瓣的形状从圆形变成到尖形，变化会很大，花朵有一个非常突出的中心。

兰花型 (O)

兰花型的大丽花很快就成为花艺设计师们的最爱，它的枝茎修长、花朵是星型、花瓣向内翻卷。传递花粉的昆虫格外喜爱它们，它们是花园中格外引人注目的花朵，这些美丽的花儿也完美适用于各种花束。

小单瓣型 (MS)

花瓣顶端是圆形的单瓣小花，这些可爱小花的直径在 2 英寸（5 厘米）以下。

牡丹花型 (PE)

这个类别的品种较少。花瓣呈环状排列，至少有 2 排，但不会超过 5 排。花瓣围绕着花心，层层叠叠向外铺展开来。

领饰型 (CO)

小单瓣型 (MS)

单瓣型 (S)

牡丹花型 (PE)

复瓣兰花型 (OT)

兰花型 (O)

14

色彩

　　大丽花有明亮、饱和的色调，也有柔和、亚光的色调。单独一朵花就可能包括多种颜色，这些颜色在色环上相邻，看起来就像是自然渐变色。也可能有一些颜色间隔较远，比如，白色和紫红色，这样可以形成更强烈的对比。因为我们发现大多数花艺设计师和园丁都是根据他们工作时的调色板来选择植物的，所以我们在第 125 页按颜色整理归纳了《大丽花品种索引》，这样你就可以通过颜色分类找到适合自己个人风格和需求的品种。

15

了解大丽花

CHAPTER TWO

GROWING
AND CARE

种植和养护

在所有你可以种植的鲜花中，大丽花是种植要求最低但回报最高的一种。如果给予适当的生长条件和悉心照料，它们会在几个月的时间里以一桶一桶的鲜切花来回报你，它们的块茎会在地下大量繁殖，因此，随着一年年过去，你会有更多的种植库存。

当我第一次开始种植大丽花时，我犯了书中提及的每一个错误，从春季种植时间过早，倒春寒让我损失了一批幼苗；到没有尽早地给花苗提供足够的支撑绑扎，造成数以千计的最最美丽的花儿，在初夏的一场反常的暴风中被吹倒粉碎；由于分株不当和不正确的存储方式，还导致我损失了许多的块茎。尽管这些错误在当时都是毁灭性的，但在此过程中，我对这些绝妙的植物有了更多的了解。

这部分章节将带你经历春天的种植，夏天的收获，以及秋天和初冬的挖掘、分株和储存方法。每个大丽花种植者都有自己偏爱的种植与维护方法，而下面的指导方法是由我们农场最成功的一些方法总结而来。

HOW TO GROW
如何种植大丽花？

相较于其他花卉来说，大丽花种植会更容易，只需要一些基本要素：良好的土壤、充足的水分和充沛的阳光。这些颇具韧性的可人儿对寒冷气温非常敏感，如果你居住的地区在冬天很冷，你就需要在秋天把块茎挖出来，放在不会结霜的地方，直到春天再重新种植。

充足的阳光

大丽花在阳光充足、温暖的气候下生长茂盛，需要将它们种植在每天至少有 6 小时阳光直射的地方。否则，你的植物会徒长伸向阳光，它们无法尽可能多地开花。

肥沃的土壤

大丽花种植成功的关键之一是种植在健康的土壤中。即使你没有很好的土壤环境，也可以在短时间内改良一小块不太理想的土地。

首先，获取土壤样本并送到土壤实验室进行测试，这是一种比较实惠的方法，可以找出土壤中缺少哪一种养分。每个实验室都有关于如何采集和发送样品的说明，但是通常需要向下挖掘约 1 英尺（30 厘米），然后从花园的多个位置收集少量土壤，总共收集 1 夸脱（升）的样本。

区域农业推广办公室通常会推荐你所在地区的土壤测试实验室。如果没有本地实验室可选，可以将土壤样本邮寄到更远的实验室（请参阅资源库，第 207 页）。当你的土壤样品经过分析后，你会得到花园土壤的详细报告，包括现存有机物的比例，缺乏什么微量元素，以及需要添加什么原料来修正土壤，如堆肥、骨粉、石灰、海带、岩石磷酸盐，还有每种原料你应该添加多少量才能解决问题。一定要让测试机构知道你是否计划种植有机作物，这样他们才能推荐天然添加物产品，而不是含有合成化学物质的产品。

尽管进行土壤测试会让人感到有些麻烦，

并且在开始种植之前，需要更多的准备工作和准备时间，但是在开始种植前付出的诸多努力还是值得的。我见过很多园丁苦苦纠结于植物的健康和病害问题，然而他们在测试土壤，并接受机构的建议来改良土壤后，仅仅在一个生长季节就彻底改变了现状。如果你计划有机种植，那么测试土壤是非常必要的。

在经过土壤测试，并且进行必要的土壤改良后，接下来需要准备好种植床。大丽花在获得大量有机物质，例如，在获得堆肥和大量均衡的天然肥料的情况下，会生长得很好。我建议在种植床上铺上 2～3 英寸（5～8 厘米）的优质堆肥，然后在堆肥上播撒普通肥料，每千平方英尺（93 平方米）大约 10 磅（4.5 千克）。使用手扶式旋耕机将堆肥和肥料混合到土壤表层。如果你没有耕作机，只需使用铲子或干草叉将改良剂均匀地混入土壤即可。无论你是将大丽花成排种植还是将其合并到现有的种植区域中，准备的土壤都是一样的。

土壤排水良好也很重要，长期不干的积水或湿黏土会导致块茎腐烂。如果你的种植区无法顺畅排水，那么可以使用培植床，这样多余的水分就会被排走。

种植空间

如果你在花园中种植大丽花和其他植物，它们会比成行种植需要更多的空间——每棵大丽花在每一侧至少要有 3 英尺（91 厘米）才能伸展开来。如果你是成行种植，我建议每 3 英尺（91 厘米）宽的种植床中种植两行，每行间隔 18 英寸（46 厘米），每行植物间隔 12 英寸（30 厘米）。这是我们农场对各种大小不同的大丽花所使用的间隔，跟你以往的经验相比，这样的间隔可能看起来更紧密些，但如果你定期从植株上采收花朵并提供足够的支撑，它们会生长得非常好。

在小空间如何种植大丽花?

即使你没有很大的院子来种植大丽花，但只要发挥创造力，仍然可以种植很多这种努力生长的植物。我见过一些园丁，他们利用闲置的空间，在一个废弃的网球场上建起了抬高的种植箱，放置在人行道和街道之间的狭长地带上；或者在一条小巷里的车库旁放置狭窄的花盆，栽种大丽花。如果你有创意的话，你可以在很多地方悄悄地种植一些植物。

如果你没有土地，无法在地面上种植大丽花，那么可以将大丽花种植在大号花盆里。为了让它们有足够的空间伸展生长，我建议用半个葡萄酒桶或大镀锌桶来种植——或者差不多这么大小的容器——至少 1 英尺（30 厘米）深，2 英尺（61 厘米）宽。如果你在花盆里种植大丽花，一定要选至少齐膝高、最高可达 3 英尺（91 厘米）的品种，比如，"琥珀皇后"、"全柑橘"和"华尔兹玛蒂尔达"。

请记住，相较于直接在地里生长的植物而言，当你在容器中种植任何植物时，它都需要更多的照料。除了需要定期的深度浇水，特别是在盛夏时节，容器种植的植物需要每月用有机液体肥料来施肥，以此平衡植物的生长发育。

种植大丽花

大丽花对寒冷很敏感，所以只有在春天霜冻期彻底结束之后才能开始在户外种植——对我们这些住在华盛顿斯卡吉特山谷的人来说，适宜户外种植的时间是 4 月底到 5 月初。

块茎能繁殖出与母株完全相同的克隆体，因此，想要特定品种的大丽花种植者，大多数会选用块茎种植大丽花。你可以根据你种植的块茎的数量，挖一个长沟或单独的坑洞，将块茎放置在深 4～6 英寸（10～15 厘米）的位置。水平放置每个块茎，让它的生长眼（如果可以看到的话）朝上，然后用土壤覆盖。一定要在你种植的时候立上标签，因为一旦将块茎埋入土中，很容易忘记在这个地方种的是什么。在农场里，植物通常成排种植，一整排都是同一种植物，我们会在排首的位置插一根木桩。当在庭院中种下一块一块的块茎时，我们会分别给每一株植物立上标牌。

如果从根插条开始种植（参见第 67 页如

何获取插条），切枝是大丽花母本的克隆体，像其他一年生植物一样在户外种植，叶子要高于土壤线。因为插枝很嫩，一定要等到天气转暖，霜冻的威胁过去之后再种下——在华盛顿，大约是母亲节前后。

要从种子开始种植时，请参阅本书如何从种子开始种植大丽花，第 73 页。

浇水

在大丽花长出第一个嫩芽后开始浇水，这通常在种植一个月后。在芽头出现之前浇水过多会导致块茎腐烂。下雨没什么要紧，但是在你发现花苗萌动之前，除了雨水之外，不要再浇水。

一旦植株破土而出，在它们长得太大之前，要确保灌溉设备准备就绪。如果你是在现有的庭院中种植，花洒软管是非常适合的；如果你是成行种植，我推荐滴灌，因为它的价格更能让人接受。大丽花在生长季节需要大量的水，所以我们在每 3 英尺（91 厘米）宽的苗床上铺设两到三行滴灌用的滴灌管，使用每 20 厘米有一个滴孔的 T 形滴灌管。

为了保持水分，一旦幼苗从土壤中长出来，我们就在幼苗周围加一层厚厚的覆盖物。碎叶、稻草或割下来的干草都是不错的选择。覆盖物不是必需的，但确实有助于减少杂草的生长——如果你任由杂草生长，清理起来会是一项困难而耗时的工作。同时，要保持土壤的水分，特别是在炎热的夏天，大丽花需要稳定的水分供应。当植物生长旺盛时，我们每星期都给它们深度给水一次。在炎热的夏天，我们会根据天气情况增加到每周两到三次。灌溉需求会因你居住的地方、天气和土壤而产生不同。

大丽花的打顶

对于长而强壮的茎来说，打顶的工作是需要掌握的最重要的技巧之一。这样做能让植物在靠近基部的地方产生更多的分枝，从而增加了每棵植株的开花茎的总数，并促使茎的长度变长。当植株长到 8 ～ 12 英寸（20 ～ 30 厘米）高时，用锋利的剪枝剪掉植株顶部，剪切的位置在植株顶部往下 3 ～ 4 英寸（7 ～ 10 厘米），一组叶子的上面。这样一来，植物会从切割点的下方伸出多条支茎，从而产出更多的花。打顶可能会让人感觉违反常识，因为你是在摘除一个开花的茎，但这样做会促使植株在整个季节可以产生更多可用的花茎。打顶还有助于防止植物长出大而中空的茎，这样的花茎通常会变成像扫帚柄一样大，无法插入花艺作品中。

给大丽花立桩

在适当的条件下，并经过前述的精心培育的植物，不可避免地会长得又高又重。郁郁葱葱、健康的大丽花需要坚固的立柱才能保持直立，在植株长得太大而被艳丽的花朵压垮之前，做好立柱是很重要的。

如果你在花园里种植大丽花，你可以在块茎旁边的地上敲几根木桩，这样以后就不必再去打扰大根系的生长了。随着植物的生长，每隔 12 ～ 18 英寸（30 ～ 46 厘米）高，用麻绳或剑麻绳把它们绑在立桩上，以支持其生长。

如果整排种植大丽花，那么用麻绳围拢它们是目前最有效和最容易操作的支撑方法。当植物在 18 ～ 24 英寸（46 ～ 61 厘米）高时，我们将 4 ～ 5 英尺（1.2 ～ 1.5 米）长的金属丁字形支柱，每隔 10 英尺（3 米）一根，沿着苗床边缘打入地下，然后围绕支柱拉上一圈捆包线，绕着每个丁字形支柱拉紧，就像在种植床上造一个封闭的方框一样。如果绳子没有被拉紧，它就会下垂并脱落，所以一定要保持绳子的张力，这样它就会一直绷紧。将第一层绳系在离地 2 英尺（61 厘米）的地方，第二层绳系在离地 18 英尺（46 厘米）的地方。这种双层线可以给植物提供足够的支撑，让它们在整个生长季节都能保持直立，你还可以根据需要再加几层线。

种植和养护

在暖房种植大丽花

直径较大的、蓬松的、易碰伤的花朵，比如，"牛奶咖啡"或其他餐盘类的大丽花，生来就是用来售卖或展示的，我们会在没有加热的拱形温室里种植它们。这一策略极大地提高了它们的产量，并使茎的长度更长、花的质量更好，这是因为避免了花头较重的花遭受风雨的袭击。

因为拱形温室在春天比户外暖得早，所以我们通常会提前4～5周在室内的土地里种植块茎。在这个舒适、隐蔽的空间里，我们的大丽花通常高达7～8英尺（2.1～2.4米）。在拱形大棚中，我们使用前面提到的同样的围拢方法，但是要使用更高的6英尺（1.8米）的T形柱，并额外增加一层麻绳。

虽然生长在暖房的环境下可以提高大丽花的切花质量，但也有一些缺点需要记住。由于环境温暖潮湿，昆虫带来的病症如蜘蛛螨，植物疾病如白粉病，会更加普遍。所以一定要把行间的通路弄得宽一点，这样才能让大丽花有足够的空气流通，并有助于减少病虫害，这样你在植物之间也有足够的空间行走。

要知道，并不是一定要在温室或其他保护性结构中才能种植大丽花，餐盘品种也可以在花园和田间茁壮成长。但是，如果你想以更高的价格来出售非常完美的花朵，那么我强烈建议温室种植。

疾病

像所有植物一样，如果大丽花所处的环境不好，也容易感染细菌、病毒和真菌疾病。以下是主要的疾病类型。

• 大丽花中最常见的细菌疾病是冠瘿病，这种疾病可以通过块茎颈部周围的凹凸不平、菜花状增生组织，或块茎丛上巨大的增生组织来识别。冠瘿病没有治疗方法，必须清除并扔掉被感染的植物和块茎，否则细菌会传播到其他植物上。如果园艺工具接触到感染植物，那么用 10% 的漂白剂和 90% 的水对园艺工具进行消毒，以防止疾病的传播。

• 许多病毒性疾病会对大丽花造成影响，而一种植物带有病毒的迹像是叶子和叶脉上长有黄色条纹或斑点，另一种迹象是植物生长迟缓。病毒同时存在于植物和块茎中，目前还没有已知的治疗方法，因此定期监测和清除受感染的植物是最好的处置方式。一旦发现病毒，立即拔出并销毁植株的所有部分。不要将染病植株的任何部分用于堆肥，以防止病毒进一步传播。

• 真菌疾病，如白粉病、灰霉病、叶斑病和黑穗病会通过空气中的孢子传播。预防它们的最佳方法是让植物处在空气流通的环境中，并如前面所述，进行适当的护理和浇水，并且保持花园没有任何已经染病的植物残骸。

虫害

危害大丽花的昆虫和害虫的种类会因环境因素、季节和你居住的地方而有所不同。总体来讲，你的植物越健康，它们就越不容易遭受虫害，因此，我们在前期和整个生长季节做了大量工作，以保持我们的植物处于最强壮的状态。

请记住，无论你用什么方法处理你的土壤和植物，在某些时候都很可能会接触到你、你的孩子和你的宠物，所以我建议尽可能多地使用有机方法。自然种植法需要更多的努力和关注，但回报是花的高质量，以及你和你家人的健康不受侵害。尽管种出完美的花朵总是令人兴奋的，但如果它需要你和你所爱的人接触有毒的化学物质，我个人宁愿种出的是一些被虫子吃掉的花，这样我的花园是一个绝对安全的地方。

下面是一些你可能在大丽花上看到的最常见的害虫。

• 蛞蝓和蜗牛对大丽花幼苗来说，是最大的威胁之一，因为它们会在晚上出来吃刚长在地面上的嫩芽。对付这些滑溜溜的虫子，最好的办法是在种植后 2 周左右，或者当你看到芽头开始从土壤中冒出来的时候放下诱饵。我用的是"蜗立驱"，一种对孩子和宠物都安全的有机饵料。

• 蠼螋是我个人的宿敌；它们似乎总是潜伏在那里，随时准备把最完美的花朵咬碎。"蜗立驱加强版"是一种经过认证的有机产品，在儿童和宠物面前是安全的，对这些具有破坏性的小东西极其有效。

• 当我们遇到蚜虫这种严重虫害时，我们会在一天中最冷的时候背上喷雾器，在大丽花的嫩芽和叶子上喷洒杀虫皂液。在大多数园艺中心，你都能找到许多有机认证的品牌。

• 西花蓟马侵害植物，其带来的严重危害已经扩散到整个美国。我发现它们更倾向于吃那些植株状态不佳的花，尤其饱受干旱之苦的，西花蓟马在浅色花朵上看起来最显眼。为了对付它们，我建议使用有益的线虫，特别是夜蛾斯氏线虫。这些小虫子在土壤中是自然存在的，但把它们集结起来并直接施用于土壤时，可以成为对付这些害虫有效的有机解决方案。

• 随着日本甲虫在美国各地迁徙，许多种植者不得不采取极端措施来保护他们的大丽花免受这些饥饿的捕食者的伤害。最有效的有机方法是用包装首饰的网眼袋覆盖单个花蕾，并围绕茎干牢牢地绑住，这样甲虫就碰不到花了。

种植者在花朵开了一半到四分之三的时候就会采收花朵，然后把花拿到室内，把袋子取下来。尽管这个过程很耗时，但许多花农发现，在大规模种植时是可行的。

你还可能遇到你所在地区特有的虫子（有些有害，有些有益）。如果你想知道如何识别和对付它们，请联系你当地的园丁大师小组或县推广办公室。

底部图片: **蚜虫**

对页，从左上角顺时针方向: **生长的虫瘿、白粉病、蜗牛、病毒病、网袋**

28

HARVESTING
采收大丽花

虽然大丽花不是一种花期特别长的切花，相较于其他花来说，花期较为短暂——你可以期待它们在花瓶里待上5天左右——但其花朵绚丽的色彩弥补了这一缺陷。最大限度地利用这些可人儿的技巧是在适当的时候采收它们，并在之后保持它们的水分充足。遵循以下步骤，你的大丽花将拥有最长的花期。

在正确的阶段和时间采收大丽花。 由于大丽花在采收后不会展开太多，所以在大丽花几乎完全开放的时候（除了125页的《大丽花品种索引》中提到的少数例外）切下它们，但同时不要过熟，这一点很重要。检查每一朵花头的背面，我们需要的是花瓣坚挺茂盛的花朵；薄而干或轻微脱水的花都是衰老的信号，采摘后不久，这些花就会散落，花瓣会纷纷坠下。

因为大丽花很娇嫩，你要在一天中最凉爽的时候采收它们，可以是早上也可以是晚上，那时的植物最有生机，水分最充足，它们会更容易从被采收的冲击中恢复过来。一定要带一个装满水的水桶，这样你在工作的时候可以立即将茎放在水中。

采收长茎干的大丽花。 如果你打算出售，较长的茎更适合插花，价格也更高，所以在采收时，茎的长度至少要达到12～15英寸（30～38厘米）。这样也可以让植物在基部发出更多的分枝，长出更长的茎和更多的茎。如果你比较胆小，只剪短短的6～8英寸（15～20厘米）的花茎，随着时间的推移，你会发现以后的花都长在了更短、更弱的花茎上，这些将很难用于花束。

许多园丁害怕剪得太多，会去掉太多的植株，他们不想放弃任何一个花蕾。但我发现，在同一个生长季节里，我们种下并大量采摘的大丽花植株，会比那些没有大量采摘的大丽花开出更多的花，花的茎也更长。就像打顶一样，切得太低会让人感觉怪怪的，就像你在伤害植物一样，但不用担心，这种方法会开出很多长茎的花作为奖赏与回报。

定期采收鲜花。如果你想大规模种植大丽花用于切花，那么定期采收比检查每朵花适当的成熟期会更有效率。在我们的农场，我们每三天就去大丽花田中收割一次，风雨无阻，从不留下一朵成熟的花朵。这一方法确保了在收获日到来时，每一朵花都处于完美的状态，没有一朵花会凋谢和结种子。在早些年，我们会错过预定的采收日，结果我们花了两倍的时间在花圃里挑选花朵，并剔除那些过了花季的花朵。三日采收的原则颠覆了以往的采收规则，由于每一朵花都处在最完美的阶段，因此我们的采摘人员可以快速和有效地梳理每一条种植床。

及时去除残花。除非你是为了繁殖而让种子在植物上成熟，否则一定要去除残花，这样植物才能继续把能量投入到开花中，而不是结种子。这项工作被称为"去除残花"，如果你想要大丽花长时间稳定地开花，那么这是切花花园一项重要的例行工作。

去除底部较低的叶片。采收完大丽花后，把茎的下半部分叶子全部去掉。这样做有两个作用：一、这最小化了枯萎的过程，因为有更少的叶子需要补水；二、这有助于花吸水，因为叶子在水里会很快腐烂，产生细菌，阻止茎的底端吸收水分。

让花茎恢复活力。如果你在合适的时间采收，你的大丽花将水分充足，你可以马上在插花中使用它们。但是如果它们完全萎蔫衰弱，那么在插花之前就要给出时间，让刚采收的花休整一下是非常重要的，这样花儿在刚被剪切下来后有机会喝饱水。根据你要处理的花的数量，你可以在以下两种方法中任选其一，为它们补水。

如果你打算出售大丽花，在桶里加入水和溶液（我喜欢的两种溶液分别是"花生活"的水合制剂和"可利鲜"的鲜切花保鲜剂）。这将延长你的大丽花鲜切花期2～3天。如果你种植大丽花纯粹是为了个人喜好，并且需要它们快速生长，你可以使用沸水技巧：收获大丽花后，将它们的茎端放入沸水中浸泡7～10秒，这时你会注意到茎端颜色的变化。然后将它们放入花瓶或一桶冷水中。大丽花保存在凉爽的环境中非常有益，所以一旦它们在水中，我就让它们在阴凉的地方休整至少3～4小时。如果你有鲜花冷柜，那就更好了。在交货前我们通常将刚切好的大丽花在40℉（34.4℃）的冷柜中保存2～3天，非常管用。如果你没有鲜花冷柜，也不用担心。只要把刚剪下的花放在凉爽的地方，比如，车库或地下室，避免阳光直射即可。

使用鲜花保鲜剂。当你准备好插花时，在花瓶里放些鲜花保鲜剂，这样可以保持水的清澈，让花朵更有活力、更持久。如果你没有鲜花保鲜剂，请确保每隔一天更换花瓶里的水。刚剪下来的大丽花在远离高温、强光和成熟的水果（比如，放在桌子上的果盘）的情况下可以保存更长的时间，因为成熟的水果和蔬菜释放的乙烯会使花更快得枯萎。

CHAPTER THREE

DIGGING, DIVIDING, AND STORING

大丽花的起苗、分株与储存

第一场秋霜使大丽花的盛开戛然而止。看着田野一夜之间从一片花海变成一片焦黑的植物，对我来说总是苦乐参半。在农场辛苦劳作了几个月之后，尽管我已经准备好放慢脚步，但与这些美丽的花儿说再见从来都不是件容易的事。我们会在一年中最冷的时候关闭花园，但是在这之前，我们必须完成最后一项重要工作：把所有的大丽花块茎挖出来，安全地储存起来过冬。

挖掘大丽花块茎是我每年最不喜欢的任务之一。一场严寒过后，曾经郁郁葱葱的绿色植物融化成一堆黏糊糊的叶子，一旦化冻就开始腐烂。踏入衰落的花田总会让人感到气馁，但一旦我们开始修剪掉枯萎的植物，把它们从种植床中移走，令人兴奋的事情就会随之到来。一想到土壤表面下有着成千上万的块茎丛，我就感到激动不已。

当你在秋天有很多大丽花块茎需要挖出来时，如果你有一个团队一起来完成这项任务，就会变得更容易也更有趣。在我们雇用农场员工之前，我会邀请朋友和邻居来帮我完成这个大工程，我会给他们一些植物作为交换，他们可以把那些植物种到自己的花园里。只要有足够的帮手，即使是最大的一片大丽花花田也能立即被修剪、清理干净和完成挖掘工作。

COLD-WEATHER CARE
寒冷气候下大丽花的管理

抓准时机

在你把块茎挖出来之前，让它们得到适当的熟化尤其重要，这样它们就能长久储藏。如果当大丽花的块茎仍在积极生长，或者第一次霜冻后马上就挖出来，大丽花块茎的外皮就没有足够的时间变得更结实，所以我建议你，在第一次严重霜冻结束（这次霜冻会杀死花园中所有一年生的暖季植物）之后，至少等待 10 ～ 14 天再开始挖掘。我们甚至等了更长的时间，经历了数次严重霜冻，才开始挖掘，在华盛顿通常是在 11 月初。之前，我因为挖得太早，发现没有适当熟化的块茎在储藏时更容易枯萎，也

更容易腐烂。

虽然块茎需要适当的熟化，但是要确保在结冰之前把它们从地里挖出来。在大多数情况下，能做这件事的时间很短暂，重要的是你不能拖延。在寒冷的气候下，如果你错过了这段安全的挖掘期，你的块茎块就会在地下冻死，无法存活。

做好准备，开始挖掘大丽花块茎

在挖出块茎之前，把所有的立桩和灌溉材料从种植床上移走，这样你就可以很容易地挖

40

出块茎。一旦苗床清理干净，把发黑的植物砍倒放在地上，清除所有的植物碎片，开始起球。如果你住的地方不会冻土，你可以先把植株割下来，静待两周后再挖出球根。在更寒冷的地区，如果你需要在寒冷的天气到来之前挖出大丽花块茎，那么这个方法会非常管用。最好的挖掘工具是干草叉而不是铲子。我用的是四齿干草叉，因为它可以很轻易地把大丽花块茎上的泥土抖落下来，比起用铲子挖丽花块茎时，破坏块茎的可能性更小。挖的时候，将干草叉插入距离中心花茎至少1英尺（30厘米）的地方，然后将干草叉向后摇动，小心地将块茎从土壤中挖出来。从地里拔块茎丛时要小心，因为它们很脆弱，很容易折断。

然后抖掉块茎上多余的泥土，注意不要弄坏它们。你可能很想把块茎扔在地上，或者使劲摇晃来清除泥土，但这样做会折断很多块茎的颈根，让它们很容易腐烂，变得毫无用处。

决定何时分株

根据你挖出大丽花块茎后的时间充裕程度，可以马上清洗并分株，也可以把它们放在凉爽、无霜冻的地方，直到你有时间处理分株的问题，这个过程在第49页有详细说明。

许多小规模的种植者在储藏前连续几天进行起球和分株工作。我和我认识的其他花农，会挖出块茎并立即储存起来，然后在冬天（通常是在1月和2月）分株，这样我们的团队在全年都能有活儿干。家庭园丁如果有足够的储藏空间，种植的数量也较少，没有需要精确计数或处理大量块茎的压力，通常会挖出块茎后立即储存，然后在临近春季种植时分株。

如果你打算在分株之前将块茎储存一段时间，一定要在块茎上留下一层薄薄的土壤，而不是马上清洗它们，因为土壤能帮助块茎保持足够的水分，防止它们在储藏时枯萎。还需要注意的是，如果你生活在干燥的气候环境中，比如，加利福尼亚的大部分地区或沙漠地区，你需要在掘出块茎后48小时内将大丽花块茎分株并储存起来，或者直接储存。否则它们就会干枯，无法存活。

给大丽花做好标记

在储藏之前给块茎贴上标签是非常重要的，这样当种植时机到来的时候，你就知道你有什么可以种下了。

对于一簇明确的品种，我会剪下一段颜色鲜艳的标签带，在一端写上品种名称，然后把它牢牢地绑在残留的茎根上，这样很容易就能看到。

如果你有几个不同品种的块茎，比起给单个块茎做标注，给用来储存块茎的容器做好标签，是更容易和更快捷的方法。在分株之前，我最喜欢的储存球茎的方法是用黑色的塑料球茎箱。你可以从种植了很多鳞茎植物的大型花圃和苗圃中获得这些箱子。但是，如果你找不到这些球茎储存箱，牛奶箱也很好用，因为它们可以阻隔灰尘，并排出多余的水分，这些箱子的把手也很容易搬运。我们通过在每个板条箱的手柄上绑一条标有品种名称的标记带，然后在箱内的块茎上摆一根标有品种名称的木条，对所有的块茎进行双重标记。这个标记方法拯救了我们很多次，因为啮齿类动物似乎喜欢啃食标签。

42

大丽花的越冬处理

在气候温和的地区，比如，美国农业部 8A 区或地理位置更高的地区，那里的平均低温在 10 ～ 15 ℉ (-12 ～ -9℃)，种植者可以成功地让他们的大丽花越冬——也就是说，如果给予它们足够的冬季保温，就可以让它们留在地里度过寒冷的几个月。这些植物会更早开花，通常比块茎和插枝在春天开花早 4 ～ 6 周。

为了越冬，要剪掉所有枝叶，然后铺上至少 1 英尺 (30 厘米) 的保温覆盖物，比如，稻草或树叶。我认识的气候湿润地区的许多种植者做得更多，对于之前已被覆盖的植物，他们会用塑料膜或地布再覆盖一层，使植物在冬天时保持干燥。需要注意的是，如果你所在的区域有田鼠，那么它们通常喜欢在舒适的覆盖物上筑巢。你可能会发现它们吃掉一些块茎，但这种交换或许是值得的，因为你可以绕过耗时的挖掘、分割和储存过程。

如果你的大丽花在室外地里过冬，一定要在春天出芽的时候，拨开上面的覆盖物。根据我的经验，在植物越冬这件事上，害虫问题更严重，因为蛞蝓、蜗牛和土蚣可以很容易地藏在地里。所以，一旦植物开始冒头，立即放下一些诱饵来对付害虫。我推荐蜗立驱升级版，非常有效，且对孩子和宠物来说很安全。

大丽花在地里过冬最大的缺点是，到了第二年，根茎往往会很大，如果你决定以后把它们分株，会很难把它们从地里拔出来了。这种低维护的方法也有额外的风险——如果你遇到一个异常寒冷的冬天，地面结冰了，你可能失去一些或所有的块茎。如果你想尝试越冬，但不确定能否在你所在的地区成功，你可以覆盖住大部分植物，然后每个品种挖出并储存一两簇块茎，以防冬天比预期更冷。

ANATOMY OF A TUBER
大丽花块茎的分株操作

为了种植和繁殖，大丽花块茎必须有三个关键组成部分：主营养体，它保存着来年种植所需的营养和能量；一个或多个生长眼，最终会膨胀发芽，变成新植物的茎；以及连接其他两个部分的坚固而完整的颈部。没有这些，你的块茎就不能生长。例如，你可能有一个块茎，有一个健康的、可见的生长眼和一块硕大的营养体，但连接颈断了。那么颈部最终会腐烂，所以你应该丢弃这个块茎，因为芽永远无法从身体获取营养。或者你可能有一个巨大坚实的块茎营养体和强壮的连接颈，但没有生长眼。这也应该丢掉，因为没有生长眼，它不会发芽。

在最初的几年里，任何看起来有生长可能的块茎我都保留了。最后，在整理了数百个腐烂的或没有生长眼的块茎后，我终于吸取了教训。现在我只保留包含所有三个组成部分的块茎。整理的时候最好果决一点，从长远来看，这样可以节省存储空间和时间。

块茎大小并不重要

重要的是要强调一个常见的误解，即大丽花块茎的大小与植株的最终大小和强壮程度有关。我曾见过许多新种植者忽视了小而健康的块茎，因为他们担心这些块茎生不出强壮的植株，但这是一种不必要的担心。每个个体都是不同的：有些块茎又长又细，而有些块茎的大小和形状同马铃薯差不多。即使在同一簇块茎上，你也会发现不同大小的块茎，只要每个块茎都有营养体、生长眼和强壮的连接颈，它就能长出茂盛的植株。

46

生长眼

连接脖颈

营养体

47

大丽花的起苗、分株与储存

HOW TO DIVIDE DAHLIA TUBERS
如何给大丽花块茎分株?

种植大丽花最有成就感的一部分，是每年秋天挖出并分株块茎，这是一种最常见的方法，来增加大丽花的储备。即使经过了这么多年的生长，我还是很惊讶，我在春天种的一个块茎，仅仅半年之后就能长出 3 ~ 10 个块茎。大丽花给你带来的巨大回报，没有任何花能相提并论。无论你是为几簇块茎还是为一片花田分株，过程都是一样的。虽然这可能有点耗时，但你的努力会得到很大的回报。

把大丽花分株是一项很烦琐的工作，最好在桌子上分株，而且不必保持桌面的整洁，温度要保持在 40 ℉ (4.4 ℃) 以上，还要有充足的光线。

工具　防水手套・雨衣・块茎丛・带有关闭阀的黄铜管件软管・叶剪（如果喜欢重枝剪也可以）・不褪色的油性马克笔・标签或美纹纸胶带・植物标签或木条

1. 戴上防水手套和雨具，用强烈的水流从里到外冲刷块茎，这样污垢就会从块茎的颈部脱落。没有什么比在一片泥泞中寻找生长眼更糟糕的了，所以一定要彻底清洁每一丛块茎。我喜欢在我的软管上使用一个有关闭阀的黄铜配件，而不是传统的喷嘴，因为长时间握住一个触发式喷嘴会使你的手抽筋。你洗得越干净，之后分株就越容易。

2. 当清洗完所有的块茎丛后，把它们放在无霜的地方滴干水分。我通常会在分株并储存前的一两天清洗它们。你应该尽量在接近分株时清洗你的块茎，因为一旦它们被清洗干净，它们会在几天内开始变干，最终枯萎，这一点可能会被忽略。

3. 当块茎丛干净且干燥时，用你的修枝剪或叶剪把块茎丛切分成两半（做这项工作时不必很细致），这项工作会使后续的种植更方便。当多个人员在同一个操作台上工作时，很容易混淆块茎品种，因此为了保证每一个品种所有的块茎都集中在一起，一次只处理一个品种。

4. 一旦块茎被一分为二，就可以再次分株，这样你就有了更多可种植的块茎。

continued ⟶

5

6

7

8

5. 扔掉那些连接颈折断、腐烂或严重损坏的块茎。这种初步的筛选能令你更容易找到好的块茎。

6. 在去除碰坏和受伤的块茎后，从块茎的顶部开始切下可以种植的块茎，用锋利的叶剪从茎冠顶部往下切开，将单个带生长眼和营养体的块茎从整丛块茎上分离出来。

7. 确保每个块茎都有强壮的颈部和可见的生长眼。（这个细节说明了为什么叶剪如此重要：它们能让你精确地在块茎和茎冠之间剪开，让生长眼安全地附着在块茎上。）生长眼之后将成为芽苗。

8. 学会识别块茎上的生长眼。生长眼不易被发现，特别是当你在起球后马上开始分株时，这时植物处于休眠状态。有些品种有非常明显的生长眼，而有些品种的生长眼很难被发现。这两个块茎处于不同的休眠阶段。左边的块茎的生长眼很难看清，而右边的块茎的生长眼开始膨胀。当你分株的次数越多，识别生长眼的能力就越强。记住，如果块茎没有生长眼，它就无法生长。

continued ⟶

大丽花的起苗、分株与储存

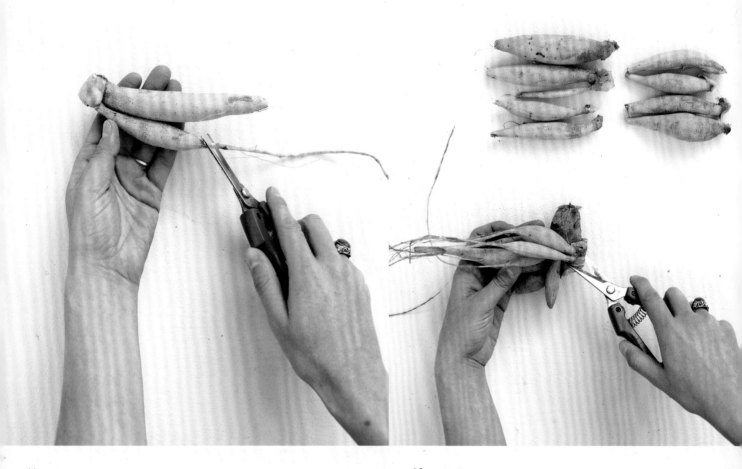

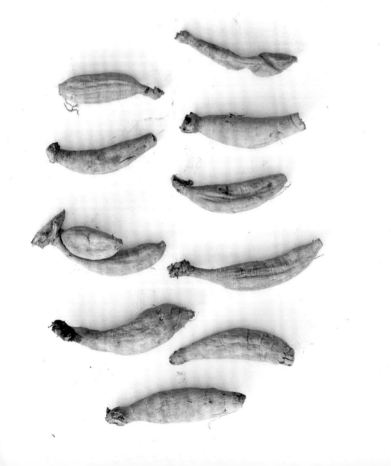

9. 当你在分株时，同时把块茎清理干净。修剪掉毛细根和颈部周围参差不齐的部分，因为它们很容易腐烂和枯萎。无论你怎样切割块茎，它都会结痂愈合。

10. 继续分株和清理，只保留每个有营养体、生长眼和强壮连接颈的块茎，直到你把整个块茎丛分株完成。

11. 当把特定品种的所有块茎分株完成后，让它们平放且彻底干燥后，写上标签并储存它们。如果块茎被储存在潮湿的地方，它们就容易腐烂，如果它们被放置在干燥的地方太多天，它们就会开始脱水和枯萎。我通常会等大约 24 个小时，这样块茎肯定是干的，但不会开始萎缩。

12. 当所有块茎干燥后，给它们贴上标签。如果你有大量的特定品种，可以简单地在存储容器的外部贴上标签，并在容器中添加一个标记好的植物标签或木条作为备份，以防外部标签受损。但如果你的块茎不多，用马克笔给每个块茎写上品种名称，也是非常好用的方法。

STORAGE
大丽花块茎的储存

在冬天，我们很难找到储藏大丽花的最佳方法和地点。冬季储藏大丽花块茎时，最重要的是要注意温度和湿度。大丽花对寒冷气候非常敏感，块茎需要保存在一个恒温的环境中，既冷凉但又不至于结冰，理想的温度是在 40 ～ 50 ℉ (4.5 ～ 10℃)。如果温度降得太低，块茎就会冻成糊状；如果温度太高[超过 50 ℉（10℃）]，块茎就会认为春天到了，开始发芽。我发现，地下室最冷的角落，或是不至于降到冰点的隔热车库，在冬天最冷的时候用空间加热器，或用其他备用热源，都能很好地储存大丽花块茎。

保持适当的湿度也很重要。如果储存时环境太潮湿，块茎会发霉并很有可能腐烂；如果储存块茎的环境太干燥，比如，没有盖子的纸盒或纸袋，块茎会干枯甚至死亡。块茎有点皱巴巴的是完全正常的，不会影响其活性。但如果任其发展，一些块茎会完全脱水，当你在春天把它们挖出来时，会发现它们已经过了复苏的时间。所以防止块茎干瘪的最好方法是将其储存在塑料容器中，并加入一些介质，如前面详述的那样。

如果你发现块茎已经干瘪了，并不是所有的希望都破灭了：只要它们体内还有一些水分（你轻轻挤压它们就可以感觉到），还有一个完整的连接颈，以及一个活着的生长眼，它们就还可能会继续生长。但是如果你发现块茎大部分都枯萎了，你就要重新规划并升级明年的储存流程了。

储存块茎的方法有很多，基本我都尝试过。每种方法都各有利弊，经过多年的经验，我把它们简化到我最喜欢的两种方式：用保鲜膜和塑料箱储存，后面都有详细说明。无论你选择什么方法，重要的是在冬天定期检查块茎，每个月一次，处理掉腐烂或发霉的块茎，这样它们就不会感染剩下的块茎。

54

1

2

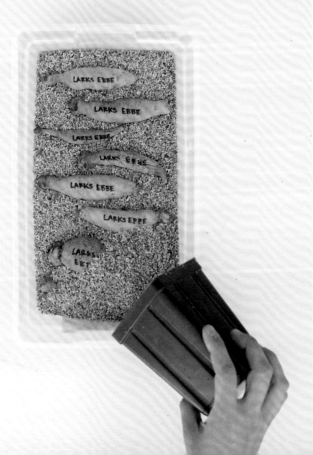

3

4

如何将大丽花储存在塑料箱里？

为了保存大量的块茎，并尽量减少浪费，将块茎储存在铺设了纯天然垫料的容器中是我的首选。我用泥炭苔、沙子、刨花、稻草、蛭石等多种不同的垫料做过实验，发现粗糙的蛭石虽然比较贵，但最好用，也最能有效地保持湿度。需要注意的是蛭石会有灰尘，所以如果你经常使用蛭石，最好戴上防尘面具。

块茎的数量和大小将决定你需要的储存容器的大小。要知道，纸袋和纸板箱是高度透气的，会导致太多的水分流失，所以我强烈建议用塑料容器或塑料袋储存。10 个或更少的块茎可以装入 1 加仑（4.4 升）大小的可再密封袋，而 12 ~ 25 个球茎则需要一个鞋盒大小的塑料箱。为了确保储存过程中多余的水分能够挥发，我喜欢在每个箱子的上部钻两三个小洞。如果在使用可重复密封的袋子时，当你注意到里面有水滴形成，那么一定要把袋子打开一个小口放出水汽。

1. 用 1 ~ 2 英寸（2.5 ~ 5 厘米）的蛭石填充塑料盒，确保将底部完全覆盖。

2. 把块茎放在蛭石上，块茎离得很近，但不会互相接触到。如果块茎互相挨着，其中一个发霉或腐烂，它可能会扩散到其他的块茎。

3. 铺满一层块茎后，再铺上一层 2 英寸（5 厘米）的蛭石，确保所有块茎都被完全覆盖。

4. 继续添加一层块茎和蛭石，直到箱子装满，最后在上面放一层蛭石。这个过程就像做意式千层面。一定要把植物品种牌或标签放在塑料盒子内的蛭石顶部（以防外部的标签损坏），并用胶带在箱子的外面贴上标签。当你在春天取出块茎时，把蛭石刷掉，留着它们以后可以重复使用。

57

需要用到的用品有　带盖的塑料箱·蛭石或其他垫料·植物标签或品种牌·箱外部的美纹纸胶带或标签·油性马克笔

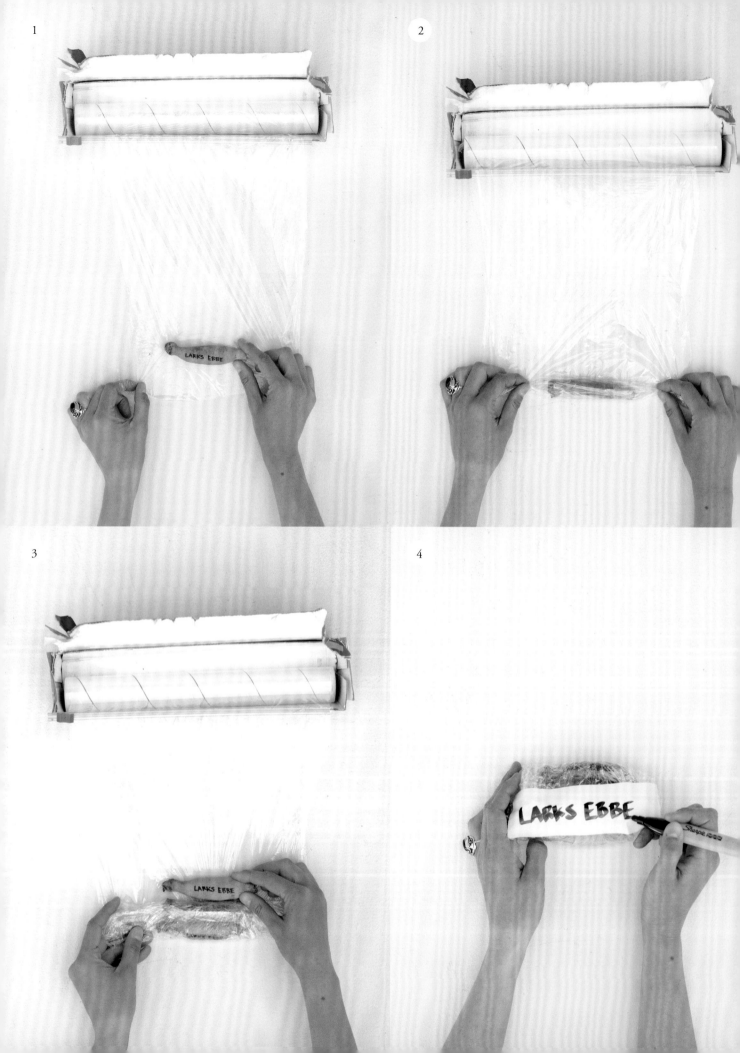

HOW TO STORE DAHLIAS IN PLASTIC WRAP
如何用保鲜膜储存大丽花?

几年前，在参加当地大丽花俱乐部的会议时，我学到了一种非常简单的储存方法——用塑料保鲜膜包裹大丽花。由于这种方法成功率很高，很多会员都开始改用这种方法。如果你只有少量的块茎需要存储并且没太多地方，这是一个非常理想的方法，因为它不需要那么多铺满垫料的箱子和大袋子。相反，一捆捆整齐的块茎不会太过占用空间，每个块茎都被一层薄薄的塑料保鲜膜包裹着。塑料有助于保持水分，如果其中有一捆块茎坏了，还能防止腐烂蔓延。几乎每一个使用这种方法的种植者都发现，90% 甚至更多的块茎在用这种方法储存后都是可以存活的。这种技术的缺点是，你必须花时间来包装和分开块茎，并在这个过程中制造了相当多的塑料废品。

所需工具　保鲜膜·美纹纸胶带或黏性标签·油性马克笔

1. 在 18 英寸（46 厘米）宽的保鲜膜上，将第一个块茎放在离切口端 3 ~ 4 英寸（8 ~ 10 厘米）的地方。

2. 卷起保鲜膜的末端，裹住块茎，用力压实。将块茎向保鲜膜未切开的一端滚动几次，用几层塑料包住块茎。

3. 在第一个块茎被密封后，一次一个地添加其他块茎，一边滚动一边把每个块茎都包裹在一层保鲜膜中，不会接触到相邻的块茎。如有需要，继续拉出更多的保鲜膜。

4. 当你安全地包好一捆块茎时（我通常会包 10 个），把保鲜膜两侧折起来，这样块茎就不会掉出来了。你的成品包应该像一个玉米煎饼。即使你的块茎单独标记过，也要在整捆的外面写上品种名，因为这将帮助你更快地找到品种。每月检查包裹的块茎团是否发霉或腐烂，把所有受感染的块茎剔除扔到一边。

59

CHAPTER FOUR

ADVANCED TECHNIQUES

进阶技能

在你熟练使用块茎种植大丽花后，或许想尝试一些更进阶的方法。如前所述，最常见的繁殖大丽花的方法是通过分株块茎丛，而用切枝扦插来繁殖植株，则是另一种很棒，但不太为人所知的方法。

几年前，我在 Instagram 照片墙上看到了一张名为"城堡大道"的淡粉色大丽花的照片，我疯狂地寻找能种出这种大丽花的块茎。几个月来，我找遍了所有我能找到的北美资源，却一无所获。经过了无数次电话、电子邮件和各种搜索之后，我终于放弃了找到它们的希望。然而在 2016 年 4 月下旬的一天，我突然发现，在我的邮箱里有一个盒子，里面有 20 颗完美的块茎，但没有回信地址。直到今天我还不知道是谁寄给我的！我非常、非常好地照料了原始的植株，并且通过扦插，成功地令 2 个还在生长期中的原始块茎增加到 20 个，并从 20 个增加到 2000 多个。上次我们分株的时候，我们得到了2130 个块茎！它们不仅有着令人难以置信的柔和的粉红色 / 腮红色，还是最早开花的品种之一，其茎干高而强壮，且花期非常持久。如果我必须选择一个我最喜欢的品种（我们有将近 800 个大丽花品种），这个可人儿必定是我的最爱了。

PROPAGATION METHODS
繁殖方法

从插条开始种植

  如果你想增加大丽花的储备，尤其是那些你最喜爱，或者价格非常昂贵的大丽花品种，那么最快的方法之一是将块茎放到花盆里，使其提早生长，然后在萌芽时收取插条。这样从插条生长而成的植物和从块茎生长成的植物，会是同一品种。插条不同于分株，需要块茎在地下经过整个生长季节来繁殖，用插条的方法可以生产出数量众多且健康的插条苗，大约6～8周

就可以种植了。

  插条确实需要一些特殊的设备和充足的时间，但你的投入回报可以是十倍，因为单一个块茎可以在几个月内产生10～20个插条。此外，你可以种植任何需要插条的块茎，不过一定要像种植大丽花一样，在春天霜冻的危险过去后，再把块茎埋起来。

  扦插生长的植株通常比块茎生长的植株早

2 ～ 4 周开花。到秋天，你可以期待它们至少能生长出 2 ～ 3 个充满生机的块茎，虽然数量上不如丛块茎生长的植株那么多，但仍能使你的鲜花储备显著增加。

用种子种植大丽花

大丽花通常是从块茎开始种植的，所以农民和园丁可以得到他们想要的品种，尽管如此，你也可以很轻松地用种子种植大丽花。很多地方都会出售品种混合的大丽花种子，通常按类型分类，如绒球型、小花型和领饰型。此外，你可以在生长季节结束时保存自己的种子（参见 89 页如何采收大丽花的种子）。关于从种子开始种植，最重要的是你会得到不同形状、颜色和大小的大丽花，而不是特定的品种。这些混合种子是一种平价且快速获得大量大丽花植株的方法，但记住，你永远不知道你会得到什么品种的大丽花。

如何获取插条？

在切取插条的时候，切记它们是非常脆弱的，在温暖明亮的环境下才能苗壮成长，所以你需要一个加温温室，或者创建一个育苗站——一张桌子或架子上有一个加热垫，一些平价的商店照明灯（LED 或荧光灯）悬挂在上面就可以达到这个效果。我在车库的一个角落放上加热器，使其温度上升，从而变成一个插穗站，每年冬天都会种下成千上万的插穗。一旦你掌握了窍门，就会上瘾，拥有的大丽花多得你都不知道该怎么用了。

你需要的用品 质地较粗的盆栽土·至少 3.5 英寸（9 厘米）宽，5 英寸（13 厘米）高的花盆·有排水洞的底托盘·植物插牌·X-Acto 斜尖雕刻刀·72 孔育苗托盘装满质地较粗的盆栽土·铅笔、筷子或竹签·生根激素（我更喜欢凝胶类型）·无孔平底的盘子·透明罩盖·加热垫·商店照明灯（LED 灯或日光灯）·小花盆若干

1. 在冬末，把你想要繁殖的块茎取出来，垂直地种植在至少 5 英寸（13 厘米）高的填满种植土的花盆里，至少要将 1 英寸（2.5 厘米）的连接颈露出泥土，这样块茎的生长眼就很容易看到了。在每个花盆上标上品种名称和盆栽日期，并将它们放在有排水孔的植物托盘上。

2. 在 65 ~ 70 ℉（18 ~ 21℃）的地方唤醒盆栽里的块茎，而我会把大丽花盆栽放在一个加热的温室里。注意此时，你的块茎不应该放在加热垫上，因为那样会造成块茎的底部腐烂。第一年我就因为这个错误损失了将近一半的库存。唤醒块茎的过程通常需要 2 ~ 3 周。一旦生长眼膨大并开始发芽，就应该把它们转移到温暖且光线充足的地方，比如，加温暖房，或者放在室内的商店照明灯光下。

3. 当芽苗长到 3 ~ 4 英寸（8 ~ 10 厘米）高时，你就可以开始切取插条了。（如果芽较短或较高，生根的机会将大大减少。我定期监控块茎，以收取到大小最适合的芽苗。）动作尽可能地干净利落，使用 X-Acto 斜尖雕刻刀从块茎连接处轻轻切下芽苗。

4. 重要的是，你要让切口与块茎齐平，这样就不会切掉正在生长的生长眼，也不会切得太高，毕竟芽茎这部分是中空的。如果切的位置合适，你会在芽和被移走的地方看到一个白色的环。

continued ⟶

67

5. 当你收集了一小堆插枝，要小心地把下面两三组叶子去掉，这样就会有至少1～2英寸（2.5～5厘米）干净的茎干可以使用。如果位于土壤线下的叶子不被去除，它们就会腐烂。不要让插枝在外面放置超过15～20分钟，也避免阳光直射，因为它们会枯萎，很可能无法恢复。

6. 用种植土填满穴盘，浇透水，用铅笔、筷子或竹签在每个穴孔的中央戳洞。确保你的孔一直延伸到托盘的底部。你要把插枝插进这些洞里，提前戳一戳，这样可以确保插枝在插进去的时候不会被损坏。

7. 将插枝清理干净后，将插枝底部2.5厘米处浸到生根激素中。市面上有很多产品，但我发现凝胶最容易使用，也最不容易弄得到处都是，尽管它非常难闻！

8. 把浸过生根激素的插条插入预先戳好的孔中，直到它们接触到托盘的底部。这将确保它们接触热垫能更快生根。用你的手指牢牢地压住插枝周围的土壤，这样土壤和茎之间就不会有空隙了。继续，直到托盘插满，操作时注意给每个品种做好标签牌。

continued ⟶

69

9. 在无孔托盘中加入大约 1 英寸（2.5 厘米）的水，把插枝托盘放进去。用透明的托盘盖子，盖在托盘的顶部；如果你不喜欢使用育苗托盘的盖子，也可以用水喷洒插枝（一个小的喷雾瓶最好），每天 3 ~ 4 次，这样它们就能一直保持湿润。将托盘放在加热垫上，加热垫的温度设置为 70 ℉（21℃），置于灯光下。把灯挂在顶盖上方 1 ~ 2 英寸（2.5 ~ 5 厘米）处，每天开 14 ~ 16 小时（如果你愿意，你可以使用定时器）。每天检查插枝，去掉发黄或发霉的插枝。确保托盘里的水位保持在 2.5 厘米深。如果浇水太多，插条会腐烂；如果太少，插条则会枯萎。

10. 我发现，在理想的环境下，插枝需要 12 ~ 14 天就能长出白色的根，这表明它们正在生长。经过数年繁殖出成千上万株植物后，我发现芽苗会呈现出灰色，整个托盘里的插枝看起来好像开始走下坡路，但是大约在两天之后，它们会发出第一个白色的根。这就像时钟一样：每次我认为一盘插枝快要死了时，它们必然在 1 ~ 2 天后发出根来。所以你可以轻轻提一下插条，检查根部的发育情况。

11. 一旦插条长出足够的根来固定土壤（在它们长出白色根后的 1 ~ 2 周），就把它们移到更大的花盆里。在一个小花盆里装满种植土，中间挖一个洞（我发现黄油刀很适合做这件事）。把生根的插条塞进洞里，牢牢地压住幼苗周围的土壤。把插条种在花盆之后要浇透水，然后把它们放回灯下或暖房里。重要的是插条苗要放置在温暖明亮的环境中 [超过 60° F（15.5℃）]，这样它们才能继续积极生长。

12. 3 ~ 4 周后，插条苗根系应该已经填满了花盆，可以在花园里种植了。一定要等到霜冻的威胁都过去后再移植到户外，因为插条很嫩，在华盛顿，通常是在母亲节前后。如果天气仍然太冷，不能在户外种植，但是你的插条苗的根已经布满整个花盆，那么你可以在等待天气变暖的时候把它们移植到更大的花盆里。

要学习如何在花园里种植有根的插枝，请参阅种植，第 22 页。

HOW TO GROW FROM SEED
如何从种子开始种植大丽花？

一般来说，你需要在早春到中春种植大丽花，大约是在春霜落尽前的一个月。像插枝一样，种子需要一个相对温暖、明亮的空间来发芽和发育，比如，温室。如果你没有温室，你可以创造出一个类似的室内环境，后面会详细说明。

所需工具　72 或 128 孔育苗穴盘·质地较粗的盆栽土·铅笔、筷子或竹棍（可选）·大丽花种子·蛭石·带花洒头的浇水壶或软管·带排水孔的底部托盘·植物标签·透明育苗盒顶盖·加热垫·补光灯（LED 或日光灯管）

1. 在春霜落尽前 4～6 周播种。如果播种早于此，植株会变得太大，不利于移栽。用预湿润的盆栽土填满育苗穴盘，然后在桌子上轻敲托盘，去掉所有的气穴。如果有需要，用盆栽土把空的穴孔填满。

2. 用你的指尖、铅笔、木棍或竹棍在每个土壤单元的中间戳出一个 1/4（0.6 cm）的小坑。

3. 在你做的每个穴孔的小坑里放一颗种子，直到所有的种子已播种，或是你的托盘装满了种子。

4. 用蛭石或盆栽土覆盖种子，需要完全覆盖它们，但不要埋得太深。

73

continued ⟶

5. 播下种子并将其覆盖后，用花洒软管或浇水壶轻轻浇水。将种子托盘放在底部有排水孔的托盘中。

6. 给你的托盘做好标签，标签写明混合品种或亲本品种的名字（如果是你自己收获的种子或种子的信息来源是可知的）。然后将育苗盒盖放置在顶部以保持热量和湿度。将托盘放在温度为 70 ℉（21℃）的加热垫上，置于灯光下或置于温室中。如果是放在灯下，把灯挂在育苗盒盖上方 1 ~ 2 英寸（2.5 ~ 5 厘米）的地方，每天开灯 14 ~ 16 小时（如果你愿意，你可以使用定时器）。

7. 种子发芽长出幼苗后，取下盒盖，并把托盘从热垫上拿下来。继续在温暖明亮的环境中培育幼苗，直到可以安全地在室外种植为止。请注意，窗台的光照并不适宜，植物摆在那里会徒长，变得细长虚弱，不能很好地移栽到花园中。

8. 一旦天气转暖，霜冻的危险过去了，就把播种的幼苗种在花园里。蛞蝓和蜗牛喜欢柔软幼小的植物，所以要预防它们侵害植物，在你的幼苗周围洒下蛞蝓诱饵。我用的是"蜗立驱"，一种对孩子和宠物都安全的有机选择。

HYBRIDIZING
大丽花的杂交培育

大丽花的培育者是充满激情、求胜心切的一群人，他们在自己的花园里花上无数个小时，试图创造出一件大事。因为他们的耐心和奉献，才让我们有幸种植成千上万种令人感到无比惊喜的品种，并享受大丽花的美丽。在过去，大多数大丽花杂交都是在业余园丁的后院进行的，他们把精力集中在培育能在社会展览上获奖的品种。尽管展览本身就很吸引人，但我注意到，许多获奖的大丽花并不一定符合当前的风格，也不符合现在花艺设计师、花农和家庭园丁的喜好。

在专业种植切花大丽花十多年后，我总是对大丽花品种缺少一些非常受欢迎的颜色（如腮红色、香槟色、烟熏桃色和灰灰的覆盆子色）感到失望，于是我决定尝试杂交，希望能培育出更多品种来满足这种需求。育种界通常是相当神秘的，因为杂交育种家往往想要赢得比赛，这是可以理解的，但我有幸得到两位育种家的慷慨指导，他们是我育种道路上的导师，非常愿意与我分享他们的宝贵经验。肯·格林威是现在最多产的大丽花育种家之一，他就住在我家附近，曾多次慷慨地欢迎我去他的花园，向我展示他的第一手资料，详细说明他是如何以如此高的成功率创造出了大型展览获奖作品。同样地，圣克鲁斯大丽花农场的克里斯汀·阿尔布雷希特（见85页的新品种大丽花）也为我提供了丰富的信息，使育种变得不那么神秘，更容易实现了。

最简单地说，杂交是从你想要的植物（已经人工授粉或蜜蜂授粉）中收集种子，然后播种，看看能否出现新品种。没有两颗种子会产生相同的结果，即使它们来自同一个亲本种荚。事实上，每一粒种子都会长成一株不同的植物。就大丽花而言，想要获得与原始植物完全相同的复制品，唯一的方法就是克隆，也就是通过块茎分株或扦插。另外，种子将产生全新的品种，每一种都可能拥有其父母的一些原始特征，但最终将成为一个全新的创造物。

杂交方法的复杂度各不相同，取决于你能认真到什么程度。虽然大多数大丽花爱好者都有过将他们自己的块茎分株并进行扦插的经验，但很少有人尝试保存自己的种子并培育新品种。作为园丁，我们受过良好的训练，会采收开花的植物并去除残花，然后增加花朵的数量，所以我们很少让它们结种子。但是留下几朵大丽花在植株上成熟，让它们结出种子，你就有机会尝试杂交了。

重要的是，要知道，无论你在杂交中投入多少时间和精力，结果还是有风险的。大多数育种家都表示，尽管他们尽了最大努力，却很少能保留超过1%的试验苗，再往长远了看，这一小部分也只能保留下其中更小的一部分。我发现这对我也是一样的——在我们尝试的每100株幼苗中能保存一株有希望的幼苗，就已经符合我的期待了。尽管这种概率看起来相当低，但培育出下一种"牛奶咖啡"的可能性是值得付出努力的。牛奶咖啡是一种广受欢迎的奶油腮红色餐盘品种大丽花。

请注意，以下内容是非常基本的信息，只能作为一个概述。如果你想使用人工授粉的方法，或者深入研究杂交，我建议你加入当地的大丽花协会来了解更多。

选择亲本

你可以在任何一株大丽花上收集种子，但如果你在那些有着你喜欢的颜色、花型明确，或者生长旺盛、植株整体健康、状况良好的株体上收集种子，你成功的概率会更大。

为了能有更大概率创造出一个全新的珍贵品种，挑选出最好的亲本植物会使成功的概率大大增加，但要弄清楚使用哪一种亲本植物是很困难的。并非每一种大丽花都能结出丰富的种子。例如，"舍伍德的桃子"是最漂亮的烟桃色餐盘大丽花之一，但它的种子在成熟之前就有腐烂的倾向；"牛奶咖啡"尽管花开艳丽，却盛产又大又肥的种荚。所以你可以用"牛奶咖啡"作为种子亲本，把它种在"舍伍德的桃子"旁边，期待它们把这种令人感到万分惊喜的颜

78

色传递给它们的后代。

幸运的是，有一些经过实验的可靠品种，许多杂交者都在使用，因为它们可以可靠地产生大量的种子。通过不断种植能够产生种子的品种，并将它们与其他品种杂交，这些品种的特性是你最希望在后代中看到的，那么你创造出珍贵新品种的概率将大大提高。

下面的品种可以产生大量的种子，虽然它们并不一定是《大丽花品种索引》中推荐的最受欢迎的品种（第125页），但它们都是很好的育种候选品种。

规划你的育种分区

有一点在杂交时非常重要，那就是在花园

对称装饰花型	康奈尔	领饰型
清景大卫	哥林多	苹果花
奶油桃子	爱尔兰荣光	希瑟四月
雷杰曼圆球	乔曼达	费恩克里夫·多莉
高个子凯尔特人	玛丽的乔曼达	
不对称装饰花型	肯尼迪女士	**星型**
牛奶咖啡	小吉尔斯顿	AC 高卢雄鸡
霍利希尔黑美人	奥德赛	阿洛韦糖果
KA 的云朵	森克雷斯特	卡米诺·佩特
KA 的卡丽熙		艾里什风车
基德的顶点	**银莲花型**	
沃尔特·哈迪斯蒂	老爹最爱	**仙人掌型**
温的月光奏鸣曲	黛西·梅	AC 柯南
球型、小球型、绒球型	艾琳·C	AC 美洲狮
齐麦肯·达维	花哨长裤	AZ 史蒂夫
齐麦肯·特洛伊	墨西哥	闪烁巴杰
		肯诺拉挑战者
		韦斯顿西班牙舞者

80

育种田间分布图

牛奶咖啡	舍伍德的桃子	牛奶咖啡	重点云朵	牛奶咖啡	舍伍德的桃子	牛奶咖啡

中把花型相似的植株放在一起，并使不同花型的植株之间保持足够的间隔距离，以防止杂交。如果不同的花型没有相互隔离，那么它们的后代什么花型都会有。例如，近距离种植球型花朵的植株（球型、迷你球型和绒球型），这些杂交后代的大多数将保持原来的圆形形态。但是如果你在近距离种植一些中心向外展开的品种，而蜜蜂都接近了它们，你最终会得到一个疯狂组合——圆形花却有着单独的外露花心。

为了防止不同花型的植株相互杂交，间隔距离至少要有 50 英尺（15 米）。我知道有些聪明的育种者虽然只有一些小地块，但是他们会在前院种植一组花型，在后院种植另一组不同的花型，通过这种方法巧妙地分割出了两个单独的繁殖区域。只要他们的邻居不种植大丽花，这个计划就会奏效。如果你有一个非常小的空间，你可以集中杂交一种花型的大丽花，或者尝试全手工授粉。

在规划一个繁殖区域时，需要注意的是，大黄蜂是大丽花最好的传粉者，它们会沿着一排直线飞行，先停在一朵花上，然后起飞，再停到另一朵花上，在一排花上稳定地飞行。因此，与其把每个品种种上一长排，不如分割成更小的区块。例如，如果我有 16 株"牛奶咖啡"，我想用在我的育种地块，因为它们是绝好的种子制造者，与其将所有 16 株种成一长排，不如将它们全部分开，种植在更小的块状土地中，并在它们之间交替种植其他品种。

所以在一排不对称装饰花型中，我可能会种植 4 个牛奶咖啡，然后 4 个舍伍德的桃子，4 个牛奶咖啡，4 个 KA 的云朵，4 个牛奶咖啡，然后 4 个舍伍德的桃子，以另外 4 个牛奶咖啡收尾（参见育种田间分布图，第 80 页）。这样一

来，当蜜蜂沿着这一排飞来飞去时，它们就从每一小群植物中采集花粉，并将其传递到下一群植物中，从而增加了整个授粉过程中异花授粉的概率。

人工授粉

在蜜蜂的帮助下，经过了几个成功的杂交季节后，那些一心想要在育种之路上走下去的种植者决定更进一步，开始用手工授粉的方式进行品种杂交。手工授粉的过程非常耗费体力和时间，所以我不推荐初学者使用这种方法，但是如果想培育出更理想的杂交品种，这种方法非常值得一试。

想要手工授粉，你要把想杂交的品种都隔离开来，这样蜜蜂就无法接触到它们。要做到这一点，你要用大网袋盖住花蕾，并在底部牢固地绑住，以防止昆虫接近花朵。请记住，花越大，袋子就需要越大。一两个星期后，被覆盖的花会完全成熟并开始产生花粉。

一旦花粉在花朵中心出现了，就要从花上取下网袋，在你操作的时候注意不要让蜜蜂发现它，之后用一个小刷子收集花粉，并把它放在一边。然后再把花盖上。将沾满花粉的小刷子拿到你想要杂交的花朵上，轻轻取下花朵上的网袋，然后将花粉从小刷子转移到花朵的中心。然后再次用网眼袋罩住花朵。

务必在授粉期间清洗小刷子，以避免交叉杂交。为了增加成功机会，至少需要连续 3 ~ 4 天的时间重复这个过程。如果你的努力没有白付，那么在 4 ~ 6 周内，你将在被网袋套住的花朵上收获种子。值得注意的是，和蜜蜂传粉得来的种荚相比，手工授粉结出的种荚里的种子要少得多。

收获大丽花种子

随着大丽花花朵的成熟和完全开放，你会注意到即使是花瓣最紧凑的球状品种，最终也会露出开放的花心，里面装满了金色的花粉。当一朵花被授粉时，你会看到它们外部的花瓣开始枯萎。有些品种很容易脱落花瓣，而其他品种，包括许多较大的餐盘品种，需要一些额外的帮助，以防止之前的花瓣粘在一起，造成种荚腐烂。我会定期巡视繁殖区域，轻轻地从花的背面摘除较老、褪色的花瓣，这样种荚就可以完全成熟而没有腐烂的风险。

做这件事很容易让人失去耐心，想立刻去掉所有的花瓣，但请务必小心，只去除那些轻轻被蜕下时容易掉落的花瓣。授粉之后，花瓣脱落，花粉的中心最终会变成棕色，随着时间的推移，种荚会将花粉中心包裹起来，慢慢闭合。一旦这种情况发生，种荚就会变得尖尖的，并慢慢改变颜色，从绿色变成金色。如果种荚在植株上留的时间足够长，最终会变成棕色，质感变得像纸一样。种子可以在不同的成熟阶段采收，这取决于你所处地区的气候情况和当季形成种子的时间是早还是晚。学习如何收获种子见第 89 页。

种植与评估

经过一季的努力，真正的乐趣开始了，你将最终看到你的劳动成果。在仲春时节，拿出上一季保存下来的所有种子，决定要播种多少。播种说明见第 73 页。

记住，相对于块根种植法，你可以在种植床中种上更多的种苗，因为它们不需要那么多的空间。最好给种苗足够的伸展空间，育种家一般会给繁殖苗 6 英寸（10 厘米）的行间距，挤入 4 或 5 行成苗在一个种植床，所以 3 英尺（1 米）宽的种植床可以容纳 100 株幼苗。种植间隔紧的原因是，在第一年你只需要验证那些植株能否开出美丽的花，所以你不需要为此而放弃宝贵的花园空间。只需要一朵花，你就可以决定这个块茎是否值得保存。上一季，我们种了 13 000 株种苗，结果只保留了 500 株。虽然种子苗圃里的每一朵花都很漂亮，但只有很少的几朵花有我想要的颜色。

一旦种苗开始开花，我每周都会对这片田地进行梳理，寻找新的宝藏，并将那些有潜力的植株标记出来。我发现在一个巨大的花的海洋，会很难找到我已经标记过的品种，所以我把一个 6 英尺（1.8 米）高的竹竿插在被选中的品种旁边，并将竹竿插进地面，将植物用荧光标记胶带缠在竹竿上。然后我会在植物底部的地面上绑上另一块标记带，这样在挖掘时我们可以很容易地找到它们。我每周都要清理一下苗圃，每次都感觉像是在寻宝。

秋季的初霜落下之后，花季临近末期，我穿过苗圃，只挖出那些打过标记的品种。你会注意到，这些品种的块茎丛比普通的大丽花块茎丛要小得多，第一年的种苗长出的块茎，每一丛只有一到三个。我通常会把这些块茎簇分开，并让不同的品种彼此分开，用数字而不是名字标记这些块茎簇。许多种植者甚至都懒得把它们分开，只是在下一季把这一小簇块茎重新种在花园里来观察。

下一季，事情会变得非常有趣，你可以看到哪些品种能脱颖而出，哪些会相形见绌。我发现，在第二年进行评估时，我最终保存下来的许多品种根本没有我想象的那么好。说到杂交，重要的是要有点无情，只保留最好的品种——漂亮的颜色、你追求的花型、强壮的植物和良好的块茎产量。

如果一个品种在第二年表现良好，符合你所有的标准，那么它就可以进入下一个阶段。到第三年时，你就会非常清楚该新品种是否真的是赢家，并且可以开始构思新品种的名字。从此刻开始，是否将你的新创品种加入到巡回展出，或者在未经正式注册品种之前将新品公之于众，完全取决于你自己了。

第一年尝试杂交，我种了 1600 株幼苗。在整个区域，大约有 150 个被标记为有潜力的品种。第二年，这些组别中只有 27 株入选。又经过一季的生长之后，我只选了十几个表现出色的品种。

这个项目总共持续了 4 年，虽然我的作品都不是下一个"牛奶咖啡"，但这个项目非常有趣，在这个过程中我学到了很多。虽然杂交是一项长期的任务，但如果你有一点额外的空间和时间来投入育种，它可以是终极的寻宝之旅。

新品种大丽花

大丽花杂交育种专家克里斯汀·阿尔布雷特在加利福尼亚州圣克鲁兹郊区的一块面积为 1/4 英亩（1012 平方米）的土地上种植了 1000 多株大丽花，她打算培育出花艺设计师们追求的颜色。

克里斯汀是圣克鲁兹大丽花公司的所有者，是蒙特雷湾大丽花协会的主席，也是美国大丽花协会（ADS）的执行董事会成员，克里斯汀的许多大丽花产品都拿到过美国大丽花协会和其他比赛的最高奖项。她解释说："绝大多数认真从事品种杂交的种植者，每年都能通过种子种植出 200 ～ 4000 株大丽花。"

有些人会出售他们的杂交品种，但是很多人的重心并不在向消费者销售块茎或切花。相反，他们的目标是培育出非常特别的品种，比如，完美贴合美国大丽花协会指导原则的颜色或花型，这些品种将在大丽花展览会上胜出。克里斯汀说："这样的做法会帮我们排除掉色彩缤纷和花型新奇的大丽花，而这些大丽花往往在切花和花艺设计中更为出彩。"

色调柔和的大丽花，如柔和的桃色、浅粉色、各种颜色的白色，或者花瓣形状或颜色图案有残缺的，都不会被大丽花协会选中，即使它们是花卉设计师的最爱。一个很明显的例子就是"牛奶咖啡"，"这是世界上最受欢迎的大丽花之一，但它并不是美国大丽花协会认定的最佳展示品种。"克里斯汀解释说。

克里斯汀传授知识的目的是为许多初出茅庐的杂交育种者指明正确的方向。幸运的是，当她和其他育种家发现新的"花艺设计师喜爱"的品种时，即使这些品种注定不会出现在展会的展台上，它们或许也很快就会在你的花园中盛开。

如何采收大丽花的种子？

在凉爽的气候下，大丽花要花好几周的时间才能结出种子，而且我发现最好在第一次秋季霜冻前，至少 8 周停止从种苗上采收鲜切花，以免干扰它们的授粉和形成种子，这么做保证会有很多饱满而成熟的种荚。

采收工具 修枝剪·装满水的果酱瓶·种子托盘、浅纸板箱或纸盘·纸信封·笔

1. 密切关注你的大丽花，确定它们什么时候可以收获。一旦大丽花的花瓣凋落，它的种荚就会开始形成并变色，从亮绿色变成温暖的金色，最后变成浅褐色。叶色深的品种，种荚会变成巧克力棕色。

2. 挤压种荚以评估成熟度。如果它滴出水来，就还没有成熟。

3. 采收种荚。你也可以把它们从茎上摘下来，不过我更喜欢连着茎切下来，因为这样在采收的时候更容易拿着它们，而且如果你愿意，你可以在一把种荚上贴上品种名称。

4. 如果你在种荚完全成熟之前就采收，让它们继续连着茎，放在一个装有水的罐子里，置于温暖明亮的地方，让它们在里面成熟，这通常需要 1 ~ 2 周。从水中取出后，应该把它们放在外面完全晾干。

89

continued ⟶

Cafe au Lait 2019

Waltzing Mathilde 2019

Appleblossom 2019

Cornel 2019

RJR 2019

5. 把刚收获的种荚摊在外面晾干。把它们放在种子托盘或浅纸板盒上，并放到温暖干燥的地方。如果你只有少量的种子，你也可以使用纸盘。

6. 一旦种子完全干燥，摸起来薄薄的且干燥如纸一般，你就可以用手指摩擦种子壳来蜕下种皮。

7. 从纸质种皮中分离出深灰色和黑色的种子，并丢弃多余的碎屑。

8. 把种子装在纸信封袋里，放在干燥的地方，直到春天播种的时候。一定要给你收集到的种子贴上标签，这样无论什么新的杂交品种都可以追溯到它们最初的杂交亲本。（如果你是手工授粉，然后给花朵套好袋子，你会知道确定的亲本；如果是蜜蜂授粉，你只知道产生种子的亲本，而不知道提供花粉的亲本。）

CHAPTER FIVE

DESIGNING WITH DAHLIAS

大丽花的花艺设计

大丽花对花园来说是一个很好的加分项，种植大丽花最棒的地方就在于，能够收获大量的漂亮花朵，并把它们带到室内来享受插花的乐趣。很少有其他的花能像大丽花这样多产，从仲夏到第一场秋霜，满满的花朵簇拥着你。在华盛顿，我们可以从花园里采收将近三个月的大丽花，在这段时间里，我制作的每一捧插花里，几乎都有这些如若珍宝的花儿。

在制作大丽花插花时，有几件事要记住。大丽花是一种极好的切花，但它们的花期不如其他夏季的鲜切花长，如果在适当的时机采收，或者在收获后令其在水中醒花几小时，通常可以持续5天的花期（见采收章节，第30页）。

当你把大丽花与其他的花和叶材组合在一起时，要知道它们通常会第一个凋谢。大尺寸的大丽花餐盘品种，比如，备受尊崇的"牛奶咖啡"，则需要额外的关照，因为花瓣很容易被碰伤，如果拿取太过粗暴，花茎可能难以承受花朵的重量，从而非常容易折断。大丽花是如此艳丽的花朵，无论是整体摆放还是单独展示，它们本身看起来都很美妙，所以人们可以近距离观看它们独一无二的特性和外形。大丽花不仅能在一组花艺设计中展现自己的魅力，还能很好地与其他花朵合作，并能融入任何混搭的花束中。我们还有什么理由不喜欢它呢？

请注意，在下面的插花作品中提到的大丽花品种，并不都能在第125页的品种查找中找到，因为根本不可能把我们喜爱的每一株大丽花都塞进这本书里。但是要知道，我绝对推荐你把出现在这里的大丽花加入你的花园和插花作品中。

ALL HAIL THE QUEEN
为大丽花女王欢呼

在我栽种过的所有大丽花中，"牛奶咖啡"是迄今为止最引人注目的。她被亲切地称为"大丽花女王"，很容易理解为什么她拥有如此忠诚和广泛的粉丝群体。许多餐盘大小的大丽花都容易被碰坏，用作插花时比较困难。然而类似"牛奶咖啡"这样的品种，如果尽早打顶，就会产生长而强壮的茎，在较大型的插花作品中也能有出色的表现。

用各种各样的餐盘品种来插花可能会令人感到紧张，因为它们的尺寸太大。我发现处理它们最好的方法就是全身心地投入，尽情享受它们那不同寻常的美丽。对于这种插花作品应控制其他花朵的数量，让"咖啡牛奶"的花朵占据中心位置。我在一个很大的佛蒙特州树液桶里装满了三种不同种类的复古风绣球花，为牛奶咖啡做了一个花枕底座。接下来，我穿插加入一些商陆的大分支茎，以增加作品的质感，并扩大尺寸。结满浆果的枝条上粉红色的茎梗和腮红的雾状花序确立了整件作品的基础色彩。

当整个插花的基础插花作好之后，我把"牛奶咖啡"插在绣球做成的花枕里，记得扭转花头，使其朝向不同的方向，这样它们就不会全都朝前，并且我认为花的背面和侧面也一样漂亮。为了打破这捧花束的穹顶形状，我将大丽花"纤细洪卡"长长的花茎穿插进去，用它们星型的花朵与其他蓬松且质地柔软的花材形成对比。在挑选这组插花的材料时，我注意到一种美丽的普通杂草，野酸模，它的质地很好，颜色是淡淡的腮红色，效果十分完美，能为其他花材增色不少，所以我也加入了这种花材。

材料表　大丽花"牛奶咖啡"·大丽花"纤细洪卡"·绣球花"波波"·绣球花"石灰灯"·绣球花"快火"·商陆·野生酸模（小酸模）

商陆

大丽花"牛奶咖啡"

大丽花"纤细洪卡"

绣球花"波波"

野生酸模（小酸模）

绣球花"快火"

绣球花"石灰灯"

FIELDS OF GOLD
金色田野

多年来，我一直有一个使命，那就是收集所有我能接触到的最美丽的黄色调大丽花。黄色可能会很棘手，因为大多数我们能接触到的黄色品种，花朵的色彩都太过明亮，很难与任何其他颜色混合搭配。到目前为止，我已经种了 200 多种黄色的大丽花品种，并且缩减了一些品种，最后保留下来值得收藏的大约有 40 种，这些都是最适合拿来插花的。

在写这本书的过程中，我们把将近 800 个品种分成了 11 个主要的颜色类，这比我们想象的更具挑战性。怎样让黄色大丽花与其他品种搭配在一起更和谐，是所有颜色分类中最令人感到困难的。

在明确了黄色的定义之后，我们继续创建黄色子类，包括蜂蜜色（暖色、桃黄色），金麒麟草色（欢快的、鲜艳的黄色），鲜黄色（明亮、明媚、干净的黄色），奶黄色（这让我们想起鲜黄油），萤光色（绿色调下的荧光黄），黄色与蔓越莓混色（花和花瓣尖有着更深的中间色）。

为了展现各种黄色的完整色谱，我选择用我收藏的农家陶瓷花瓶来展示不同品种的大丽花，并以小花饰的方式来插花——对于创造一个效果非常好的花卉展示来说，这是最快速和最简单的方式。

材料表 大丽花"长篇大论"·大丽花"布隆奎斯特奶油"·大丽花"布莱顿柔光"·大丽花"波恩 STY"·大丽花"欧洲蕨莎拉"·大丽花"野毛茛"·大丽花"开普柠檬"·大丽花"清景柠檬"·大丽花"金权杖"·大丽花"哈马里金"·大丽花"卡梅尔·科恩"·大丽花"湖景桃绒"·大丽花"幸运小鸭"·大丽花" 桑迪亚太阳帽"·大丽花"斯基普利月光"·大丽花"韦斯特尔顿·莉莲"·未命名的播种苗

大丽花"金权杖"

大丽花"长篇大论"

大丽花"开普柠檬"

大丽花"斯基普利月光"

大丽花"卡梅尔·科恩"

大丽花"桑迪亚太阳"

大丽花"哈马里金"

大丽花"欧洲蕨莎拉"

大丽花"韦斯特尔顿·莉莲"

大丽花"湖景桃绒"

大丽花"布隆奎斯特奶油"

大丽花"澳大利亚柠檬"

大丽花"幸运小鸭"

大丽花"波恩STY"

大丽花"布莱顿柔光"

大丽花"野毛茛"

未命名的播种苗

PEPPERMINT SWIRL
薄荷漩涡

　　我一直对红白相间的大丽花情有独钟，但总是不知道如何把它们融入花艺作品中，打个比方，就像不让它们像肿胀的手指那样与其他手指相比，显得那么格格不入。直到我看到一个朋友收到的礼物花束，上面有着各种色调的红色和白色的花朵，我才终于意识到：展示这些新奇有趣的红白色系大丽花的最好方式，就是单独使用它们。

　　如果你有想特别突出的花材，但是它们又无法成功融入其他花材，那么把它们做成单一品种的花饰是个不错的解决方案。这样的插花作品不到 10 分钟就可以完成了。我特意选择了一个颈部略呈锥形的花瓶，这样可以使花朵更加直立，因为我没有使用任何叶子或填充花材来做插花的基础结构。我从不同的角度和高度添加大丽花，并留出一些我想要突出的最华丽的花朵，并在最后把它们穿插进去。

104

材料表　大丽花"阿劳纳·波切特惊喜"·大丽花"朝日朝治"·大丽花"香气宜人"·大丽花"波恩红"·大丽花"冰与火"·大丽花"弗利克莱特"·大丽花"默特尔的白兰地"·大丽花"圣诞老人"·大丽花"风车"

大丽花"朝日朝治"

大丽花"弗利克莱特"

大丽花"默特尔的白兰地"

大丽花"风车"

大丽花"阿劳纳·波切特惊喜"

大丽花"香气宜

大丽花"冰与火"

大丽花"波恩红"

大丽花"圣诞老人"

AUTUMN HARVEST
秋日收获

　　对我而言，迎接秋天最好的方式，就是用果实累累的树枝、秋叶和我最喜欢的日落色调的大丽花装满一个巨大的瓦罐。随着天气渐凉，花季即将结束，我发现大丽花正处于繁盛时期，当大丽花在这一年中即将消失之前，我抓住每一个机会来感受它们的魅力。凉爽的气温和短日照使花园里的植物开始改变色彩，在我意识到之前，整个花园已经是一番绚丽多彩的秋日色调。

　　因为我在这个作品中使用了如此巨大且花头较重的大丽花，所以选择一个质量较大又稳固的花器是非常重要的，这样就不会因为花材的重量而倾覆。我在当地一家古董店找到了一只破旧的棕色的瓦罐，里面装了半打结满果子的山楂树枝，我把叶子去掉了，只留下了果实，然后加入了色彩鲜艳的枫叶。一旦框架建立起来，我就在瓦罐的边缘放了一些大朵的大丽花"萨拉光芒"，确保它们的花头朝向各个方向，这样它们就不会全都朝前。然后，我悄悄插进了低着头且花瓣尖尖的大丽花"蓬松秀发"，还穿插了一些较小的大丽花，以填补它们之间的空隙。我通过在所有的空隙中分散布置微型玫瑰果和金醋栗枝条来完成这个花艺作品，为整个插花增加一种活泼的质感。

材料表　茶条槭枝条·猬实·海棠花"珠穆朗玛峰"·大丽花"蓬松秀发"·大丽花"铜色康奈尔"·大丽花"海·帕蒂"·大丽花"爱尔兰光芒"·大丽花"玫瑰托斯卡诺"·大丽花"萨拉光芒"·金醋栗枝条·玫瑰"杜邦帝"的玫瑰果

大丽花"海·帕蒂"

大丽花"铜色康奈尔"

大丽花"蓬松秀发"

猬实

茶条槭枝条

金醋栗枝条

大丽花"玫瑰托斯卡诺"

大丽花"萨拉光芒"

海棠花"珠穆朗玛峰"

大丽花"爱尔兰光芒"

玫瑰"杜邦帝"的玫瑰果

SHOOTING STARS
流星

　　我对中心展开式样的大丽花品种情有独钟，原因有二：一是蜜蜂喜爱它们；二是它们极富个性——在花园里它们的小脸就像在看着你一样。在我们的试验田中，我发现自己不由自主地在关注一小部分精美的白色品种，因此决定它们值得一个单独品种的展示。我剪下了一大把这些白色的大丽花，在我回工作室的路上驻足摘下了一些双色的薄荷，然后注意到蝇子草和福禄考的"攒奶油"在附近盛开。所有这三种花材都为欢快的白色大丽花提供了一个绝佳的插花基底。

　　为了这束随手插就的小花饰，我选择了一个小巧的奖杯状陶瓷花瓶，它是我的朋友、著名的东海岸陶艺匠弗朗西丝·帕尔默设计的。用她的花瓶永远是一种享受，能够使一切都看起来非常棒。我开始用薄荷做了一个简单的网格，并在薄荷茎之间放置蝇子草。然后我加了几丛福禄考，穿插不同高度的大丽花，注意让花朵朝向不同的方向，这样才能看到并欣赏到每一朵花的美丽外形。

112

材料表　大丽花"费菲利普·阿尔平"·大丽花"小雪花"·大丽花"星孩子"·大丽花"维罗恩的晨星"·福禄考"攒奶油"·凤梨薄荷·蝇子草

凤梨薄荷

大丽花"费菲利普·
阿尔平"

大丽花"维罗恩的
晨星"

大丽花"星孩子"

大丽花"小雪花"

蝇子草

福禄考"搅奶油"

CHAMPAGNE TOAST
香槟祝酒

近年来，在婚礼中最流行的颜色是腮红色和香槟色。我认识的大多数花艺设计师都做好了这股潮流即将成为过去的准备，但我却希望它能持续下去，因为我喜欢这些色调。尽管有成千上万的大丽花品种可供选择，但拥有这类颜色的大丽花是最少的，也是最不具代表性的，这可能是因为它们小小的细微的颜色差别，并不完全符合许多大丽花协会的分级标准。许多与我交谈过的大丽花杂交种植家都认为，这些颜色令人厌恶，这让我很惊讶，也恰恰展现了审美观的差异。

在这个作品中有三种我一直钟爱的品种：大丽花"爆发"、大丽花"苹果花"和大丽花"玛雅"。我选择了一个简单的玻璃高脚瓮，以免抢了大丽花的风头。我用大丽花"爆发"来做花束的基础结构，然后添加了十几枝大丽花"玛雅"，并穿插着加入大丽花"苹果花"，确保它在其他花朵的上方，这样它们就可以在微风中摇摆了。作为画龙点睛之笔，我使用了啤酒花藤蔓，并把它所有的叶子都摘掉，这样"苹果花"绿色的花苞就显露出来了，然后沿着作品的外部边缘把它们编排起来。我个人希望这个色调能经得起时间的考验，我甚至可以通过我们农场的杂交项目来扩大这种颜色的花朵种类。

材料表　大丽花"苹果花"·大丽花"爆发"·大丽花"玛雅"·啤酒花"小瀑布"

大丽花"苹果花"

大丽花"玛雅"

啤酒花"小瀑布"

大丽花"爆发"

PEACH SORBET

蜜桃霜心

我们的大丽花花田是按照彩虹的色彩顺序种植的，当你一眼望过去时，很明显能看出来我最偏爱哪种颜色。到目前为止，日落色调是占主导地位的色彩，即使有这么多美妙的品种可供选择，我仍然发现自己每年都会在这个色调的必种清单上增加新的品种。

虽然我喜欢在自己的花园里采摘鲜花和插花，但没有什么比把鲜花送出去更让我开心的了。这个可爱的小花束是送给一位朋友的礼物，他刚搬回城里。我找了一个镀锌的小提桶，插入带有秋天色彩的雪果、醋栗和芍药叶子，还有一些去除叶子的海棠枝条，为叶子中间的花朵做一个插花的基底。在基底上插入大丽花"纸杯蛋糕"和大丽花"玛雅"，用参差的花茎长度，增加花束的大小，然后在其他花朵之间加入了几朵我最喜欢的菊花。最后，我插穿了一些迷你型的玫瑰果来呼应秋天的颜色。

和你爱的人一起分享繁盛的花朵，是最有意义的事了。

材料表　菊花"帕特·雷曼"·海棠"珠穆朗玛峰"·大丽花"纸杯蛋糕"·大丽花"玛雅"·金醋栗枝条·芍药叶子·玫瑰"达洛之谜"和玫瑰"杜邦帝"的玫瑰果·雪果枝条

玫瑰"达洛之谜"
的玫瑰果

金醋栗枝条

菊花"帕特·雷曼"

大丽花"纸杯蛋糕"

玫瑰"杜邦帝"的玫瑰果

大丽花"玛雅"

雪果枝条

海棠"珠穆朗玛峰"

芍药叶子

VARIETY FINDER

大丽花品种索引

当我们创作这本书时，已经在田地里种植了超过 800 个品种的大丽花，世界各地的现存品种更是不计其数。虽然还有很多品种是我非常喜欢的，但在这一章，我们只精选了 360 个品种，这些大丽花都是我们非常喜爱并且已经成功种植过的，它们非常美丽，且能用于多种风格的插花作品。

你在这里看到的许多大丽花品种，对家庭园丁来说都是很常见的，只有一小部分比较难找。这些稀有的品种最开始分散在北美各地数十位育种家和小型专业种植家的手中，后来我们经过长达数年的互联网搜索，才终于搜寻到，并逐渐形成稀有品种的原始库存。推荐一些比较难找到的品种，不是为了让读者们失望，而是希望能让更多人关注这些珍宝，提高人们对大丽花的保护意识，希望这些稀有的大丽花能被商业化生产，不会随着时间的流逝而消失。

在制作插花时，我通常会先根据颜色来挑选花材，然后再挑选其形状和大小。考虑到这一点，我按照不同的颜色将大丽花进行分类，将不同的品种大致分为 11 个颜色类别，你会发现每种颜色都有很多的变化。我的分类可能与其他大丽花种植者和协会分类的方式不同。我的分类是基于它们在花田中的样子，以及它们在花艺和设计领域中的表现。然后，我按字母顺序列出每种颜色的品种，包括品种的花型、花朵大小和关于每个品种需要特别注意的事项。

这篇指南中的每一种大丽花我们都种植过，并且这些品种都可以作为切花品种来使用。我们淘汰了那些表现不佳和难以种植的品种，尤其是那些茎软趴趴的、花头容易脱落的品种。在描述中，我们确实注意到一些大丽花特别适用于婚礼布置、市场销售以及其他多种用途。

关于株型的大小有几点要注意。一般来说，大丽花的高度从 15 英寸（38 厘米）到 6 英尺（1.8 米）以上不等。我们没有列出每种植物的具体高度，因为根据其生长区域、土壤、花园的日照以及植物获得的水分的不同，它们的高度会有很大的差别。我们对每一株大丽花都使用相同的种植方法（详见第 20 页），并且我们发现这些方法对所有的大丽花都同样有效。对于下面罗列的品种，我们对那些特别适合在大容器，或在花园中的混合花境中生长的品种做了标注，因为从习性上来讲，它们更适合在受控的环境下成长。

同样，花朵尺寸也有很大的变化。例如，在我们的农场，"牛奶咖啡"的直径可以达到 10 英寸（25 厘米），但在加州，一个朋友花园中的"牛奶咖啡"，直径一直都是 6 英寸（15 厘米）。我们为每个品种列出的测量数据，来自于我们自己的研究，以及其他种植者和育种者的研究，我们把这些数据归纳进来，是为了让你对花能长到多大有个大致了解。但请记住，任何品种的花都可能比给出的数据大或小一些，这取决于它所生长的花园里的条件。

最后，"小花农场的最爱"用 ♥ 标记，是我们生活中不可或缺的品种。要查找供应商资料，请参考第 207 页。

WHITE
白色系

白色是永恒的经典，这一系列由明亮干净的白色、温暖的象牙色、清凉的银色、纯净的雪白色和新鲜的奶白色组成。不足为奇的是，这些品种在婚礼上很受欢迎。

AC 卡斯珀（AC Casper）

花型： 不对称装饰花型

花朵尺寸： 8 ～ 10 英寸（20 ～ 25 厘米）

大型的乳白色花朵与鲜艳的绿色叶子形成了鲜明对比。这些强健的植株大小适宜，花型绝妙，非常适合在婚礼中使用。

艾莉白（Allie White）

花型： 不对称装饰花型

花朵尺寸： 6 ～ 8 英寸（15 ～ 20 厘米）

花朵由强壮的茎支撑着，形状和大小都很奇妙。柔软的外观和可爱的颜色，对花艺设计来说是理想的花材。

安德里亚·劳森（Andrea Lawson）

花型： 球型

花朵尺寸： 2 ～ 4 英寸（5 ～ 10 厘米）

这种高大且充满活力的植物开着白色的花，花心和花瓣尖有淡淡的薰衣草色。这些花是手绑花束的理想选择。

131

暴风雪（Blizzard）

花型： 对称装饰花型

花朵尺寸： 最大可达 4 英寸（10 厘米）

这一品种生长旺盛，能长出大量郁郁葱葱的绿叶。每棵植物都能在强壮的茎上开出大量的花朵。在插花作品中，这些花朵的尺寸使它们成为非常棒的全能型候选花材。

蓬蓬白（Boom Boom White）

花型： 对称装饰花型

花朵尺寸： 3 ～ 4 英寸（8 ～ 10 厘米）

茎高而壮的大型植株开出了奶白色球状的花朵。非常适合在婚礼中使用。

伯恩（Bowen）

花型： 绒球型

花朵尺寸： 最大可达 2 英寸（5 厘米）

可爱的纽扣状花朵以白色为主，偶尔带有腮红色。它们是新娘花束完美的选择。

待嫁新娘（Bride to Be）

花型： 睡莲型

花朵尺寸： 4英寸（10厘米）

在中等大小的植株上开出大量的干净、白色的花朵。因为它们的花是朝上开的，所以它们是插花的最佳选择之一。

中央球场（Center Court）

花型： 对称装饰花型

花朵尺寸： 6～8英寸（15～20厘米）

强壮的长长的茎上开着纯净的雪白色的花朵，"中央球场"的生命力特别旺盛。稍微向上开放的花朵非常适合直立花束和手捧花。

科尔活希望（Colwood Hope）

花型： 锯齿边缘（流苏边缘）型

花朵尺寸： 6～8英寸（15～20厘米）

带锯齿边乳白色的花朵使它成为我们大丽花田里的佼佼者。碧绿的叶片和深锯齿边缘增加了其视觉冲击力。

132

玉米新娘（Corn Bride）

花型： 对称装饰花型

花朵尺寸： 6～8英寸（15～20厘米）

这些质地柔软的星形花朵，白色上晕染着一层淡淡的薰衣草色，花朵表面看上去闪闪发光。其长长的茎干是插花的绝佳选择。

奶油色（Creamy） ♥

花型： 小球型

花朵尺寸： 2～3.5英寸（5～9厘米）

"奶油色"的花朵呈圆形，颜色像是鲜奶油。这种美丽的品种是花束的绝佳选择，会让一个花园变得更可爱。

多萝西R（Dorothy R）

花型： 小球型

花朵尺寸： 2～3.5英寸（5～9厘米）

"多萝西R"的花色是象牙白色，其花朵的中心是柠檬绿色，花朵生长在生机勃勃的绿色叶片上，其植株大小中等。这种干净利落的白色非常适合在婚礼中使用。

芬克里夫·阿尔平
（Ferncliff Alpine）♥

花型：领饰型

花朵尺寸：4英寸（10厘米）

高大健壮的植株开满了最美丽的白色星形花朵，花朵中间的金色花心在阳光下闪闪发光，其茎干长而强壮，是我们最喜欢的白色单瓣花型之一。

芬克里夫·珀尔
（Ferncliff Pearl）♥

花型：对称装饰花型

花朵尺寸：4英寸（10厘米）

白色的花朵，中心透着淡淡的腮红色，看起来就像珍珠。植株强健，大小中等，长着深绿色的叶片，是最好的白色大丽花之一。

霍利希尔白小姐
（Hollyhill Miss White）

花型：小球型

花朵尺寸：2～3.5英寸（5～9厘米）

高大的植物开出了完美的白色花朵，每一朵花的花心都是淡紫色的。这是你能种出的最好的白色小球型大丽花之一。

133

肯诺拉挑战者
（Kenora Challenger）

花型：裂瓣仙人掌型

花朵尺寸：6～8英寸（15～20厘米）

中等大小的植株会完美地绽放出散射状的花朵。这个深受人们喜爱的品种在育种时被普遍用作种子亲本使用。

拉恩塞斯（L'Ancresse）

花型：球型

花朵尺寸：3.5英寸（9厘米）以上

这是最好的白色球型大丽花品种之一，这一珍宝在整个季节都能开出完美的花朵。它又长又壮的茎使其成为一种极好的切花。非常适合用作手绑花束，在婚礼中使用。

露露岛艺术（Lulu Island Art）

花型：对称装饰花型

花朵尺寸：6～8英寸（15～20厘米）

雪白的花朵开在长长的、强壮的茎顶端，是很好的切花材料，也是用于活动装饰的完美花材。它的花型使它在花园中格外出彩。

狭瓣莱德（Narrows Ryder）

花型： 不对称装饰花型

花朵尺寸： 4～6 英寸（10～15 厘米）

奶白色的花，看起来像蓬松的云朵，有着淡薰衣草色的花心。植株大小中等，非常适合在婚礼中使用。

金发美人（Platinum Blonde）♥

花型： 银莲花型

花朵尺寸： 4 英寸（10 厘米）

这是我们种植的最不寻常的品种之一，其花朵就像重瓣松果菊。花心毛茸茸的，呈奶油色，被一圈明亮的白色花瓣所围绕。这种花深受花艺设计师们的喜爱，其长茎很适合做插花，也很适合插在花瓶里。

雷诺士（RJR）♥

花型： 对称装饰花型

花朵尺寸： 4～6 英寸（10～15 厘米）

这是你能种植的最棒的白色品种之一。在长长的茎干上，高大的植株可以开出大量的纯白色花朵，花朵大小非常适合插花。

R 克里斯（R Kris）

花型： 不对称装饰花型

花朵尺寸： 6～8 英寸（15～20 厘米）

反折的花瓣呈乳白色，微微泛绿。花的外观就像被风吹散开的羽毛。

质朴的罗班（Robann Pristine）

花型： 对称装饰花型

花朵尺寸： 4～6 英寸（10～15 厘米）

这些高大的植株生长旺盛，顶部开有中等大小的圆形花。花瓣呈现出极浅的紫色，为婚礼增添了浪漫色彩。

雷克罗夫特·布伦达 T（Ryecroft Brenda T）

花型： 对称装饰花型

花朵尺寸： 4～6 英寸（10～15 厘米）

穹顶型的花朵有着淡薰衣草色的花心，很适合做花束。植株大小中等，是非常丰花的品种。

小世界（Small World）

花型： 绒球型

花朵尺寸： 最大可达 2 英寸（5 厘米）

这是我们种过的最好的白色大丽花之一。在整个季节，它的植株都会隐没在花朵之中。强劲的茎干和耐风雨的花朵使它成为一种极优秀的切花，尤其受到婚礼花商的青睐。

雪海（Snowbound）

花型： 不对称装饰花型

花朵尺寸： 8 ～ 10 英寸（20 ～ 25 厘米）

这些花朵有一种柔软、温和的特质，而花瓣在它们的尖端弯曲，进一步强调了这一特质。植株大小中等，丰花。

纯银（Sterling Silver）

花型： 对称装饰花型

花朵尺寸： 6 ～ 8 英寸（15 ～ 20 厘米）

美丽、饱满、温暖的白色品种尖花瓣有轻微的反折，使它在花艺作品中显得格外出众。植株强健而高大，茎干修长。

白色紫菀（White Aster）

花型： 绒球型

花朵尺寸： 2 ～ 2.5 英寸（5 ～ 6 厘米）

高大强壮的茎干上开着小小的象牙白色的圆形花朵，是非常丰花的品种，很适合做花束。

白色内蒂（White Nettie）

花型： 小球型

花朵尺寸： 2.5 英寸（6 厘米）

这个宝贝的尺寸十分适合插花、丰花，非常适合在婚礼中使用。

温的幽灵（Wyn's Ghostie）

花型： 不对称装饰花型

花朵尺寸： 6 ～ 8 英寸（15 ～ 20 厘米）

强壮的植株让我们想起了天鹅的羽毛，其花瓣在顶端反折和扭曲。长而强壮的茎干支撑着这些充满魅力的独特花朵。

YELLOW
黄色系

在我们展示的颜色中，这一组包含的颜色最多样。它包括奶油黄、柠檬黄、淡黄色、金麒麟色、蜜黄色和荧光黄，有着荧光效果和轻微的绿色底色。这个色彩范围是目前为止最令人愉悦的。

阿尔卑斯山日落
（Alpen Sundown）

花型：对称装饰花型

花朵尺寸：4～6英寸（10～15厘米）

这个美丽的大丽花色彩优美，在花园里显得格外出众。柔和的奶黄色花瓣轮廓精致，带有覆盆子色的条纹，所以颜色看起来有些像桃子的颜色。虽然植株是比较小型的，但可以长出长长的茎，是极好的切花材料。

老大哥（Big Brother）

花型：不对称装饰花型

花朵尺寸：8～10英寸（20～25厘米）

多年来，我们一直在寻找完美的、大花型的金色大丽花，终于在最近的品种试验中高兴地发现了这颗华丽的"宝石"——折皱的黄褐色花朵在大型的插花作品中显得非常美妙。

长篇大论（Blah Blah Blah）

花型：对称装饰花型

花朵尺寸：4～6英寸（10～15厘米）

花卉设计师喜欢这一品种突出的颜色。花朵是奶油糖果色，花心是桃红色和淡薰衣草色。这个品种很容易与多种色调相结合。

137

布洛奎斯特奶油
（Bloomquist Butter Cream）♥

花型：不对称装饰花型

花朵尺寸：4～6英寸（10～15厘米）

柔和的奶油色花瓣微微泛着一抹韫色，花心色彩鲜艳，茎干又长又壮，黄色调和腮红色调的组合非常漂亮。

布莱顿柔光
（Blyton Softer Gleam）

花型：球型

花朵尺寸：5英寸（13厘米）

花朵的颜色是最可爱的柔和金色渐变，花瓣尖端就像麦秆刷上一些柔和的橙色，是极其多产的开花植物，花期很长且耐候。

波恩Sty（Born Sty）♥

花型：星型

花朵尺寸：6～8英寸（15～20厘米）

当我们想起种植过的最棒的黄色大丽花品种时，这个品种的大丽花一定榜上有名。其茎长而优雅，花朵呈淡柠檬色，花心呈桃色，色调非常柔和。这绝对是令人无法抗拒的品种。

欧洲蕨萨拉（Bracken Sarah）♥

花型：不对称装饰花型

花朵尺寸：6 ～ 8 英寸（15 ～ 20 厘米）

其花色是哈密瓜色，色调唯美，花朵向上开放，茎干强壮。这些花用在手绑花束中会非常棒，但注意必须要在完全成熟之前采收，否则花瓣有可能会凋落。

野毛茛（Buttercup）♥

花型：绒球型

花朵尺寸：最大可达 2 英寸（5 厘米）

清新、令人愉悦的黄色花朵，看起来像在茎干顶端长着一个个色彩鲜艳的小球。叶子是鲜明的深绿色，植株生命力旺盛，非常多产。

CG 琥珀（CG Amber）

花型：对称装饰花型

花朵尺寸：4 ～ 6 英寸（10 ～ 15 厘米）

这些娇小的植株有着光滑的绿色叶子，花心是深琥珀色，花朵则是桃橙色，名字很贴切。

138

珍爱（Cherish）

花型：对称装饰花型

花朵尺寸：最大可达 4 英寸（10 厘米）

这些矮壮的植株是很好的开花植物，是花园的绝佳加分项。其花瓣是柔和的奶油色，花朵的脉络和花心呈丁香色。独特的颜色，加上强壮的茎干，使它成为插花的绝佳选择。

奇马库姆温迪
（Chimacum Wendy）

花型：球型

花朵尺寸：4 ～ 6 英寸（10 ～ 15 厘米）

大的、鲜艳的秋麒麟草黄色花朵，花瓣顶端有一抹深橙色涂层。这个品种丰花且很可靠。

开普柠檬（Citron du Cap）

花型：锯齿边缘（流苏边缘）型

花朵尺寸：6 ～ 8 英寸（15 ～ 20 厘米）

在顶端分裂的花瓣赋予这个品种羽毛般的质感。淡奶油色的花瓣末端有轻微的红晕，随着花朵的盛开，花瓣的整体颜色都会变浅。这是我们种植的最浪漫的黄色品种之一。

清景柠檬（Clearview Citron）

花型：内曲瓣仙人掌型

花朵尺寸：4 ～ 6 英寸（10 ～ 15 厘米）

花朵的颜色是柠檬冰的颜色，尖尖的花瓣中间有最柔和的一层红色。高大、健壮的植株可以生长出长而强壮的茎干。

黛西·梅（Daisy Mae）

花型：银莲花型

花朵尺寸：4 ～ 6 英寸（10 ～ 15 厘米）

阳光色的花朵有明显的蓬松的花心。中等大小的植株有柠檬绿色的条纹茎，花头低垂。

丰比冠饰（Formby Crest）

花型：对称装饰花型

花朵尺寸：3 ～ 4 英寸（8 ～ 10 厘米）

美丽的圆形的花朵呈现出热烈的金色。花期耐候性好，植株整个花季都能长出长长的茎干。

139

金权杖（Golden Scepter）

花型：对称装饰花型

花朵尺寸：2.5 英寸（6 厘米）

这种充满活力的大型植物是令人感到愉悦的品种，在长茎上一年四季都能开出丰富的小小的橘红色花。娇小的花朵极适合在混合花束和婚礼中使用。

毫毛里黄金（Hamari Gold）

花型：不对称装饰花型

花朵尺寸：8 ～ 10 英寸（20 ～ 25 厘米）

这个巨大的开着花的珍宝呈现出美丽温暖的青铜金色，永远是花园中最夺目的存在。它的花朵与任何植物都能漂亮地组合在一起，在秋天尤其引人注目。

快乐蝴蝶（Happy Butterfly）

花型：不对称装饰花型

花朵尺寸：4 英寸（10 厘米）

高大的植株上开满了最漂亮的蝴蝶形状的花朵，花朵颜色由柔和的黄色和蔓越莓色混合而成，花瓣背面呈深色。朝上开的花朵有长而强壮的茎干，非常适合用于切花和插花。

霍利希尔印花布
（Hollyhill Calico）

花型： 小球型

花朵尺寸： 2～3.5英寸（5～9厘米）

这一品种在我们的试验田中非常突出，花朵的颜色非常独特，是由桃色、白色和柠檬色混合搭配而成，每一朵花的颜色都是独一无二的，没有两朵花的颜色是相同的。这种大丽花是切花的绝佳材料和花园的绝佳点缀。

霍利希尔·弗罗多
（Hollyhill Frodo）

花型： 绒球型

花朵尺寸： 最大可达2英寸（5厘米）

金麒麟黄色花，花瓣的顶端和背面有一层淡淡的蔓越莓色，赋予它一种金属般的质感。这种花非常可爱，适合用来制作胸花或花束。

蜜露（Honeydew）

花型： 对称装饰花型

花朵尺寸： 5～7英寸（13～17厘米）

这种花有着柔和的桃色花朵，明亮的黄色花心，在花园中光彩熠熠。它的颜色非常容易与其他花进行搭配，因此，很适合插花。

爱尔兰纸风车（Irish Pinwheel）♥

花型： 星型

花朵尺寸： 4～6英寸（10～15厘米）

大丽花中最酷的品种之一！美丽而独特的尖花瓣呈现出柔和的金色，并点缀着一抹樱桃红。植物在整个季节都能长出又高又壮的茎，这使它们成为适合切花的绝佳品种。

卡梅尔·科恩（Karmel Korn）♥

花型： 不对称装饰花型

花朵尺寸： 6英寸（15厘米）

这是我们种植的最好的黄色品种之一。花朵的颜色是温暖的奶油色，紫色底色，花心则是淡紫色，这种花是花束中的万能花材，它们让我想起纸巾花。

湖景桃绒
（Lakeview Peach Fuzz）♥

花型： 锯齿边缘（流苏边缘）型

花朵尺寸： 4～6英寸（10～15厘米）

"湖景桃绒"颜色多变，可以轻松搭配多种色调，其中有些花是柔和的蜂蜜色，而有些偏向于杏色与黄色。花瓣的尖端边缘呈锯齿状，看起来非常蓬松。细长的茎上生长着这些最受欢迎的花。

幸运小鸭（Lucky Ducky）♥

花型：银莲花型

花朵尺寸：3英寸（8厘米）

这是我最喜欢的颜色之一。花的中心花瓣密集，看上去毛茸茸的，四周被干净的纯黄色花瓣包围，一层白色覆盖了花瓣的外缘。对于单瓣品种来说，它的花期非常持久。

玛丽·卢（Mary Lou）

花型：裂瓣仙人掌型

花朵尺寸：5～6英寸（13～15厘米）

"玛丽·卢"就像是高大的金色美人，其花朵向上生长，有长长的茎，非常适合做切花。蛋黄色的花朵在花园里光彩熠熠。

阿玛拉小姐（Miss Amara）

花型：对称装饰花型

花朵尺寸：4～6英寸（10～15厘米）

这个桃黄色的美人是我们花园农场的宠儿。这些充满活力的植物会开出大量令人感到愉悦的花朵，长长的茎干非常适合插花。

MM 奶油乳酪（MM Buttercream）

花型：球型

花朵尺寸：超过3.5英寸（9厘米）

在所有我们见过的大丽花中，这是最美丽的一种。形状完美的淡奶油色花朵盛开在强有力的长茎上。

肯尼迪女士（Ms Kennedy）

花型：迷你球

花朵尺寸：2～3.5英寸（5～9厘米）

花园里真正的主力军，其花朵小小的呈金色，有着橙色钮扣花心，非常可爱。它的大小非常适合做切花。长长的强壮的茎干和良好的耐候性使这个品种列入必种清单。

丽莎女士（Ms Lisa）♥

花型：不对称装饰花型

花朵尺寸：6～8英寸（15～20厘米）

花瓣密集的花头是暖桃金色，瓣尖颜色较浅，花瓣背面呈现出了斑斓的华丽质感。尖尖的花瓣扭曲旋转，像羽毛一样。

奥雷蒂·阿黛尔（Oreti Adele）

花型： 对称装饰花型

花朵尺寸： 4～6英寸（10～15厘米）

这是我们种植的最漂亮的品种之一，它的颜色包含着桃色和暖金色，花的颜色甚至会随着天气的变化而略有变化。

红鹰鹿皮（Redhawk Buckskin）♥

花型： 对称装饰花型

花朵尺寸： 5.5英寸（14厘米）

中等大小的植株覆盖着柔和的金色花朵，并泛着微微的红色。这个品种很罕见，很难找到，但却是我最喜欢的品种之一。

桑迪亚锦缎（Sandia Brocade）♥

花型： 银联花型

花朵尺寸： 3～4英寸（8～10厘米）

这种大丽花花茎呈深色，而密瓜色的花朵与其形成了鲜明的对比。外层花瓣向下反卷，花朵中心有着管状的流苏花瓣，多层的厚密花瓣看着非常有质感。尽管外表娇嫩，但在恶劣天气却能保持良好的状态。

桑迪亚太阳帽
（Sandia Sunbonnet）

花型： 银联花型

花朵尺寸： 4英寸（10厘米）

明亮的柠檬色花朵有着蛋黄色的花心，其茎干细且长。它鲜艳的颜色仿佛从花园和花瓶中四溢开来。

斯基普利月光
（Skipley Moonglow）♥

花型： 球型

花朵尺寸： 超过3.5英寸（9厘米）

这种大丽花的植株较矮，却能开出最漂亮的淡奶油色花，花瓣上还泛着淡淡的红晕，在阳光下闪闪发光。其整体色调决定了它们非常适合在婚礼中使用。

甜心老爸（Sugar Daddy）

花型： 对称装饰花型

花朵尺寸： 2英寸（5厘米）

娇小圆润的花朵让人想起奶油糖果。这种花是花园里的主力军，茎干长而强壮，是制作花束的绝佳材料。

森克雷斯特（Suncrest） ♥

花型： 球型

花朵尺寸： 4 英寸（10 厘米）

多年来，这位美人在与数百种黄色品种进行过对比，但从不落下风，一直是最受欢迎的。其花朵呈柔和的浅黄色，花瓣顶端则是淡淡的杏黄色。丰花、花期持久、耐候性使它非常适合市场销售。

褐色山谷（Valley Tawny） ♥

花型： 对称装饰花型

花朵尺寸： 4 ～ 6 英寸（10 ～ 15 厘米）

育种家大卫和利昂·史密斯非常慷慨地与我们分享了这些宝藏。这种令人惊叹的桃色花朵在整个季节都有大量盛开的花朵，非常适合做切花。它耐寒、耐候，容易开花。

维罗恩的理查德 B
（Verrone's Richard B）

花型： 星型

花朵尺寸： 4 ～ 6 英寸（10 ～ 15 厘米）

娇小、轮状的花朵开在高高的茎干上，花朵呈蜂蜜色，淡橙色衬底。在花田中，这个品种看起来像鲜艳的风车。

韦斯特顿·莉莲
（Westerton Lillian）

花型： 不对称装饰花型

花朵尺寸： 6 ～ 8 英寸（15 ～ 20 厘米）

其高大的植株挂满了浅柠檬色的花朵，有柔和的浅色花心和强壮的茎干。柔和的外观使它非常适合在婚礼中使用。

温霍尔姆·黛安娜
（Winholme Diane）

花型： 对称装饰花型

花朵尺寸： 4 ～ 6 英寸（10 ～ 15 厘米）

高大的植物有着强壮的茎，顶端的美丽花朵，让我想起柠檬刨冰。花朵中心被轻吻上了一抹红晕，令它在插花作品中非常突出。

温的新粉彩（Wyn's New Pastel）

花型： 对称装饰花型

花朵尺寸： 6 英寸（15 厘米）

这是我们农场里新添加的品种，花朵颜色由金黄色和桃红色混合而成。茎干长而强壮，这个品种丰花且耐寒，生命力非常旺盛。

BLUSH/CHAMPAGNE
红晕色 / 香槟色

这一组包括柔和的粉红色和温暖的中性色调，微妙而浪漫。这些颜色绝佳，从腮红色、玫瑰色、香槟色，到浅黄色、米色、裸色，是婚礼中最受欢迎的颜色。

苹果花（Appleblossom）♥

花型： 领饰型

花朵尺寸： 4 英尺（10 厘米）

这是我们种植的最受欢迎的品种之一，并深受项目设计师的喜爱，也是非常棒的婚礼花束。其花瓣刚开始是柔和的奶油色，慢慢会变成娇嫩的腮红色。

杏色巨星（Apricot Star）

花型： 仙人掌型

花朵尺寸： 6 英寸（15 厘米）

其植株直立生长，花朵呈星型，花朵的颜色是由柔和的金色和香槟色混合而成。在分叉的茎干上会开出大量的有质感的花朵。

四月的希瑟（April Heather）♥

花型： 领饰型

花朵尺寸： 4 英寸（10 厘米）

花朵同时附着了美丽的金色和浅黄色，是婚礼的绝佳选择。这是最中性色调的大丽花之一，还可以变成粉红色或米黄色。花瓣能持续开放很长时间，并随着花期的增长褪色成美丽的浅黄色。

145

爆发（Break Out）♥

花型： 不对称装饰花型

花朵尺寸： 8 ～ 10 英寸（20 ～ 25 厘米）

这是我们种植过的最可爱的品种之一，是能开出巨大花朵的珍宝。其茎干长且粗壮，能开出大量的花朵，花朵以柔和的玫瑰色为主，一抹奶油色附着在花瓣上。

牛奶咖啡（Café au Lait）♥

花型： 不对称装饰花型

花朵尺寸： 8 ～ 10 英寸（20 ～ 25 厘米）

这是我们需求最大的品种。大而重的花朵就像柔和的丝绸枕头。这种花很受新娘和婚礼设计师的欢迎，花朵颜色是由淡奶油色红晕渐变而来，非常难得。

卡玛洛·佐伊（Camano Zoe）♥

花型： 小球型

花朵尺寸： 2 ～ 3.5 英寸（5 ～ 9 厘米）

这一品种的花朵被粉红色晕染，花瓣柔软，植株直立生长，还非常强壮，很耐候，是婚礼的绝佳选择。

城堡之路（Castle Drive）♥

花型： 对称装饰花型

花朵尺寸： 4～6英寸（10～15厘米）

"城堡之路"开花较早，是每年夏天在花园里第一批开花的大丽花之一。它虽然很难寻找，却可以开出大量柔和的粉红色晕染花朵，花朵大小中等且非常美丽，很适合在插花和婚礼中使用。

奇玛库姆达维（Chimacum Davi）

花型： 小球型

花朵尺寸： 2～3.5英寸（5～9厘米）

史密斯夫妇是我们最喜欢的大丽花育种家之一，他们充满爱心地创造了这个特别的品种，并慷慨地与我们分享种植资源。其茎干高大、强壮，花心是粉红色，中间的花朵是白色，外部花瓣边缘则是深粉红色。

清景帕尔瑟（Clearview Palser）

花型： 不对称装饰花型

花朵尺寸： 8～10英寸（20～25厘米）

花朵有着浅金色的花心，花瓣顶端边缘则是薰衣草色，整体呈现出浅黄色的效果。这种百搭的颜色与许多色调都可以搭配得很好。

为提蒂疯狂（Crazy 4 Teedy）

花型： 对称装饰花型

花朵尺寸： 4～6英寸（10～15厘米）

这些花朵的颜色非常独特——混合了黄色和粉色，呈现出了桃色的效果和烟熏的质感。耐寒的花开在长而结实的茎干上，切花可以持久保鲜。

纸杯蛋糕（Cupcake）♥

花型： 对称装饰花型

花朵尺寸： 4～6英寸（10～15厘米）

这个来自天鹅岛的新引进品种是一个敦实矮胖的家伙，盛开着独一无二的混合色花朵。这些花期持久的切花是婚礼和插花的必选品种。

白日梦想家（Day Dreamer）

花型： 睡莲型

花朵尺寸： 4英寸（10厘米）

这些花看起来就像池塘里的睡莲。令人愉悦的花朵呈热烈的杏桃色，花心是淡柠檬色。

戴安娜的回忆（Diana's Memory）

花型：睡莲型

花朵尺寸：最大可达 4 英寸（10 厘米）

美丽的奶油香槟色花朵长在长长的茎干上，花心则是绿色，花瓣尖端呈现出薰衣草色。植株比较矮小，非常适合种在花盆里。

航道领航员（Fairway Pilot）

花型：不对称装饰花型

花朵尺寸：10 英寸以上（25 厘米以上）

这种大丽花植株健壮、高大，在花园中像是一个巨人，能开出超级大的花，花瓣巨大且柔软，呈鲑鱼红色。在花艺活动中能营造出一种富丽堂皇的感觉。

芬克里夫·多莉
（Ferncliff Dolly ）

花型：领饰型

花朵尺寸：4 ~ 6 英寸（10 ~ 15 厘米）

暖粉色花瓣有着腮红色的花瓣尖，色彩非常柔和，一圈较小的奶黄色内侧花瓣围绕着鲜艳的金黄色花心。这种大丽花的花期持久，即使凋谢也非常美丽。

147

哈佩特珍珠（Hapet Pearl）

花型：小球型

花朵尺寸：2 ~ 3.5 英寸（5 ~ 9 厘米）

奶油色花朵有着一层淡淡的覆盆子色，花心的颜色较深。植株大小中等，茎干高大，绿色的叶子富有光泽，非常适合插花。

纤细洪卡（Honka Fragile）

花型：兰花型

花朵尺寸：2 ~ 3 英寸（5 ~ 8 厘米）

这种大丽花的植株高大、强壮，白色的星型花朵边缘呈蔓越莓色，是花园里最引人注目的存在。当它作为切花时，花期非常持久，花朵漂亮到看起来几乎不像真实存在的。

纯真（Innocence）

花型：睡莲型

花朵尺寸：6 英寸（15 厘米）

淡粉色的花朵有着乳白色的花心，能在强壮的茎上开出大量的花。非常适合在婚礼中使用。

KA 的云朵（KA's Cloud）♥

花型： 不对称装饰花型

花朵尺寸： 8～10 英寸（20～25 厘米）

这一来自圣克鲁斯大丽花农场的绝妙品种，已经迅速成了人们的最爱。长长的茎上在整个花季都能开出大量的花朵，红晕浸染了白色的花瓣，唯美浪漫，婚礼必备！

凯尔盖·安（Kelgai Ann）

花型： 睡莲型

花朵尺寸： 5 英寸（13 厘米）

这种珍贵的品种能开出大朵向上的碟形花，花瓣是最柔和的浅红色，并带有深粉红色的条纹。整体看上去既精致又格外出彩。

马尔比珍珠（Maltby Pearl）

花型： 对称装饰花型

花朵尺寸： 4 英寸（10 厘米）

柔和的奶油粉色花瓣边缘镶着薰衣草色，花瓣尖则是白色。这种不同寻常的颜色组合带来一种近乎金属的效果。它们非常适合花束和插花。

玛雅（Maya）♥

花型： 对称装饰花型

花朵尺寸： 5～6 英寸（13～15 厘米）

强壮的茎上开有向上的艳丽的香槟色花朵，瓣尖泛着一丝腮红色。茎上通常多头开花，这对大丽花来说是一种不寻常的品质，但非常适合插花。

奇迹公主（Miracle Princess）

花型： 睡莲型

花朵尺寸： 4～6 英寸（10～15 厘米）

花朵是柔和的粉色和白色的混合，紫色花瓣尖，赋予它一种真正甜美的特质。生命力旺盛的植物非常丰花，长长的茎干略带深色。

纳迪亚·露丝（Nadia Ruth）

花型： 锯齿边缘（流苏边缘）型

花朵尺寸： 6～8 英寸（15～20 厘米）

花朵是由贝壳粉和奶油色混合而成，花瓣尖端有羽毛般的质感。这个大丽花品种非常丰花。

诺曼底·迪吉
（Normandy Deegee）

花型： 对称装饰花型

花朵尺寸： 4～6 英寸（10～15 厘米）

这种中等大小的植株有着艳丽的奶油色花朵，边缘是薰衣草粉，这使花朵的色彩非常丰富。适合在婚礼中使用。

奥德赛（Odyssey）♥

花型： 小球型

花朵尺寸： 2～3.5 英寸（5～9 厘米）

可爱的带着粉红色晕染效果的奶油色小花，花心点缀着一抹紫色。它们是手绑花束的最佳选择。

罗克·星爆（Roque Starburst）

花型： 裂瓣仙人掌型

花朵尺寸： 超过 10 英寸（25 厘米）

大而重的花朵有着拿铁色的花心。植株生长旺盛，丰花，花朵的形状醒目。

纯粹天堂（Sheer Heaven）♥

花型： 对称装饰花型

花朵尺寸： 5 英寸（13 厘米）

这种大丽花非常令人愉悦。花朵的花心呈柠檬黄，向外渐变成柔和的桃色，这一色彩组合非常特殊。花朵正面向上，生于长而结实的茎干上，非常适合插花。

希德希尔·特里西
（Sidehill Trishie）♥

花型： 对称装饰花型

花朵尺寸： 4～6 英寸（10～15 厘米）

这种可爱的品种大小中等，花朵呈暖奶油黄色，带一点瓜粉色的基调。花朵朝上，很适合插花。

古稀之年（Silver Years）

花型： 睡莲型

花朵尺寸： 4 英寸（10 厘米）

淡粉色的桃色，花朵有着黄绿色的花心，花心朝上向外开放。这种甜蜜浪漫的品种非常适合做花束。

草莓冰（Strawberry Ice）

花型： 不对称装饰花型

花朵尺寸： 8～10英寸（20～25厘米）

柔和的粉红色的花朵衬着浅黄的底色，开在长而强壮的茎干上，非常适合在婚礼和大型插花中使用。

苏珊·吉洛特（Susan Gillott）

花型： 裂瓣仙人掌型

花朵尺寸： 4～6英寸（10～15厘米）

植株大小中等，有着长而强壮的茎，贝壳粉色的花朵和鲜艳的花心非常适合在婚礼中使用。

甜美的娜塔莉（Sweet Nathalie） ♥

花型： 不对称装饰花型

花朵尺寸： 5英寸（13厘米）

这是我们种过的最漂亮的品种之一。中等大小的植物在整个季节都开满了浅腮红色的花。它的茎又长又结实，非常适合做切花，如果你想做浪漫的插花，那么这种大丽花是绝佳选择。

塔霍玛黎明（Tahoma Early Dawn）

花型： 不对称装饰花型

花朵尺寸： 4～6英寸（10～15厘米）

这些乳白色褶皱花朵有着羽毛般的质感，花瓣看起来像被刷上了一层淡淡的薰衣草色。这种长茎的品种能很好地抵抗恶劣的天气和昆虫的侵害。

豪猪山谷（Valley Porcupine） ♥

花型： 复瓣环领型

花朵尺寸： 高达4英寸（10厘米）

每个来我们农场的花艺设计师，都表示这个可爱的品种是他们的最爱。这种娇小、瓣尖、奶油腮红色的花摸起来很刺人，它的名字就是这样来的。作为切花时迷人且持久，非常适合插花。

绿野仙踪（Wizard of Oz）

花型： 小球型

花朵尺寸： 2～3.5英寸（5～9厘米）

齐膝高的植株上覆盖着柔和的棉花糖粉色花朵。当花朵达到完全成熟时，这个品种的花瓣往往会很容易脱落，所以当花朵还未完全成熟时就要及时采收，大约在花朵开放三分之一的时候就可以采收了。

PEACH
桃色系

在这一暖色系中，你会发现杏色、桃色、浅鲑鱼色、甜瓜色和哈密瓜色等果子露色调的融合色，这些颜色因其广泛的用途和强大的魅力而广受欢迎。

摩登时髦（A La Mode）

花型： 不对称装饰花型

花朵尺寸： 6 ～ 8 英寸（15 ～ 20 厘米）

这种美丽的橙红色（在鲜红色和橙色之间）和白色的双色大丽花品种让人想起玉米糖。这个品种多产、长茎，花朵的颜色有深有浅，还混合着杂色，非常受人们的喜爱。

被吹干（Blown Dry）

花型： 不对称装饰花型

花朵尺寸： 6 ～ 8 英寸（15 ～ 20 厘米）

淡色的桃杏色花，金黄色的花心让这朵美丽的花有一种秋天的氛围，花瓣尖看起来像是被挤压和扭曲了一样。强壮的茎干可以开出这些大小中等的珍宝。

卡马诺·锡特卡（Camano Sitka）

花型： 内曲瓣仙人掌型

花朵尺寸： 6 ～ 8 英寸（15 ～ 20 厘米）

哈密瓜色的大花有着管状花瓣，植株高大。

卡拉·伊丽莎白
（Cara Elizabeth）

花型： 不对称装饰花型

花朵尺寸： 4 ～ 6 英寸（10 ～ 15 厘米）

这些花有着可爱的灰桃色调，是一种较为罕见的颜色。这一让人驻足的品种是插花和婚礼的理想选择，混合了许多颜色看起来奇妙无比。

清景桃色（Clearview Peachy）

花型： 球型

花朵尺寸： 超过 3.5 英寸（9 厘米）

"清景桃色"是高大且充满活力的植物，明亮的绿色叶子上覆盖着淡淡的鲜红色花朵，花朵上点缀着薰衣草色。在长而强壮的茎干上，每朵迷人的花都有着细微的差别。

乡村魅力（Country Charm）

花型： 对称装饰花型

花朵尺寸： 6 ～ 8 英寸（15 ～ 20 厘米）

艳丽的杏色花朵，花心是最漂亮的深薰衣草色，茎长且强壮，是一种特别好的切花材料。

克雷格·查尔斯
（Craig Charles）♥

花型： 不对称装饰花型

花朵尺寸： 4～6英寸（10～15厘米）

"克雷格·查尔斯"的花朵呈鲑鱼色，花瓣是波浪状，有些扭曲，给花朵带来了褶皱的效果。这是唯一一种形状不是超级大的品种，非常适合插花。

克赖顿蜂蜜（Crichton Honey）♥

花型： 球型

花朵尺寸： 4英寸（10厘米）

这种温暖的杏色美人深受设计师和零售客户的喜爱。花朵具有耐候性。虽然植株较小，但如果能早打顶，它们可以长出长而强壮的茎干和大量的花朵，非常适合切花。

芬克里夫·科珀
（Ferncliff Copper）♥

花型： 对称装饰花型

花朵尺寸： 4～6英寸（10～15厘米）

这款铜色花朵能与许多其他色调的花朵完美组合，绝对是花艺师的必备品种。整个花季，植株都能源源不断地开出结实的带着长茎干的鲜花。

菲奥娜（Fiona）

花型： 球型

花朵尺寸： 超过3.5英寸（9厘米）

哈密瓜色的花朵有着金黄色的花心，在花园和花瓶中都能散发光彩。紧凑的球形花朵耐候性佳，是直立型花束的最佳选择。

法国娃娃（French Doll）♥

花型： 对称装饰花型

花朵尺寸： 3英寸（8厘米）

每个来我们花园参观的人都很喜欢这个美人，它的名字名副其实。美丽的桃色花朵有着色彩柔和的黄色的花心，看起来好像在闪闪发光。又高又结实的茎干使它们非常适合切花。

汉密尔顿·莉莲
（Hamilton Lillian）

花型： 对称装饰花型

花朵尺寸： 4～5英寸（10～13厘米）

在这组颜色中，"汉密尔顿·莉莲"是最漂亮的一种，它的花朵有着完美的尖花瓣。其植株株型较矮小，但如果早打顶，它们将长出长而强壮的茎干以及大量的花朵，非常适合切花。

哈佩特香槟（Hapet Champagne）

花型： 不对称装饰花型

花朵尺寸： 6 ～ 8 英寸（15 ～ 20 厘米）

美丽鲜艳的杏色花瓣围绕着柠檬黄色花心，茎干强壮。它的花瓣尖端像是被剪开了，像羽毛一样，没有其他品种能与之媲美。

亨丽埃特（Henriette）

花型： 裂瓣仙人掌型

花朵尺寸： 4 ～ 6 英寸（10 ～ 15 厘米）

这些引人注目的花有着最柔和的鲑红色，深色的茎干衬托出花朵柔和的美丽色彩。这一品种耐候，茎干适合做切花，所以非常适用于插花和婚礼。

霍利希尔橙冰
（Hollyhill Orange Ice）

花型： 对称装饰花型

花朵尺寸： 4 ～ 6 英寸（10 ～ 15 厘米）

这种大丽花样式独特，双色花朵让我们想起玉米糖。基瓣是杏干的颜色，带有淡淡的腮红花瓣尖，颜色变化均匀，仿佛融合在了一起。花朵表面在闪闪发光。

小岛日落（Island Sunset） ♥

花型： 不对称装饰花型

花朵尺寸： 6 ～ 8 英寸（15 ～ 20 厘米）

这款大丽花拥有你想要的所有颜色。超柔软的杏色花朵有一抹淡淡的红晕，随着花的成熟度提高，花朵会呈现出粉红色。卷曲的花瓣会闪闪发光，是插花的必种品种。

乔威·尼基（Jowey Nicky） ♥

花型： 球型

花朵尺寸： 2 ～ 4 英寸（5 ～ 10 厘米）

这种柔和的甜瓜色最受花艺设计师们的欢迎，在整个花季都能开出大量的花朵。对于花园种植和切花来说，都太棒了。

拉克的埃贝（Lark's Ebbe）

花型： 对称装饰花型

花朵尺寸： 4 ～ 6 英寸（10 ～ 15 厘米）

这种美丽的品种很快成了插花的宠儿。这种紧凑型的植株在花境中生长得很好，能结出大量的桃色花朵，枝干很长，非常适合做插花。

L.A.T.E

花型： 对称装饰花型

花朵尺寸： 4 英寸（10 厘米）

浅桃红色的花朵有着一层覆盆子色，花心则是较暗的粉红色。它们非常适合在婚礼中使用。

琳达的宝贝（Linda's Baby）♥

花型： 球型

花朵尺寸： 3 ～ 4 英寸（8 ～ 10 厘米）

多年来，我们一直在寻找完美的桃色大丽花，这个品种给予了我们所想要的一切，甚至更多。这些美丽的花朵长在又高又壮的茎上，耐寒且极易开花。

琳达的埃丝特（Linda's Esther）

花型： 对称装饰花型

花朵尺寸： 4 ～ 6 英寸（10 ～ 15 厘米）

这种甜美的品种使我们想起香草橙双色冰淇淋。有些花是暖橙色的，有些花是桃红色带白色瓣尖的——它们都有着惊人的金属质感，且没有两朵花会是相同的。

娜塔莉 G.（Nathalie G.）

花型： 对称装饰花型

花朵尺寸： 4 英寸（10 厘米）

这一品种非常可爱，圆形花朵是哈密瓜粉色，并带有一层淡淡的紫色。植株较矮小，但在颜色和花量上弥补了植株尺寸上的不足。

帕帕吉诺（Papageno）

花型： 不对称装饰花型

花朵尺寸： 10 ～ 11 英寸（25 ～ 28 厘米）

中等大小的植物被巨大的、独特的带有柠檬黄色的灰桃色花朵所覆盖。这个餐盘大丽花品种是花艺设计和婚礼的必种品种。

桃子奶油（Peaches N' Cream）♥

花型： 对称装饰花型

花朵尺寸： 5 英寸（13 厘米）

色彩样式非常精致，花瓣是柔和的鲑红色花瓣，在花瓣尖褪成白色，其效果令人惊叹，是我们花园里最受欢迎的品种之一。这种品种在高温和潮湿环境中生长旺盛。

罗克朗恩·阿什利
（Rock Run Ashley）

花型： 对称装饰花型

花朵尺寸： 高达 4 英寸（10 厘米）

这种大丽花是我们的试验田中最美丽的品种之一，其用途非常多，整个花季都能源源不断地开出小丛带着红晕的浅黄色花朵。虽然植株较矮小，但如果打顶得早，它们会长出大量的长茎。

蓬松的齐克（Shaggy Chic）

花型： 锯齿边缘（流苏边缘）型

花朵尺寸： 6 ～ 8 英寸（15 ～ 20 厘米）

高大的植物顶端开着粉粉的珊瑚色花朵，下衬黄色底色，给花朵带来浅黄色的外观。花瓣有棱和裂孔，是鲜花农场里的新宠。

舍伍德的桃子（Sherwood's Peach）

花型： 不对称装饰花型

花朵尺寸： 10 ～ 12 英寸（25 ～ 30 厘米）

巨大的铜色花瓣背后是一层薄薄的紫色，色彩非常柔和，赋予了花朵一种灰色调，带来了一种高级质感，仿佛花朵经过了时间的淬炼，这一特点在大丽花中很少见到。花朵是比较娇嫩的品种，但为了这一抹奇特的色彩值得付出更多的努力。

塞拉光芒（Sierra Glow）♥

花型： 不对称装饰花型

花朵尺寸： 8 ～ 10 英寸（20 ～ 25 厘米）

这个长久以来最受欢迎的品种非常丰花，花朵呈鲑红色。在沉重的花朵的重压下，长茎微微下垂。它们是秋天最受欢迎的花束材料。

赤陶（Terracotta）

花型： 裂瓣仙人掌型

花朵尺寸： 4 ～ 5 英寸（10 ～ 13 厘米）

这个品种长期以来一直是农场的宠儿。花朵是暖琥珀色，让人想起奶油糖果。长而结实的茎非常适合插花，植株的产量也非常高。

维罗恩的苏格拉底
（Verrone's Socrates）♥

花型： 对称装饰花型

花朵尺寸： 最大可达 4 英寸（10 厘米）

这是我们一直以来最喜欢的桃色花朵之一，非常耐候。它非常适合在婚礼中使用，超长的茎干也很适合插花。

ORANGE
橙色

这个系列是灿烂的晚霞色调，从明亮的橙色、金盏花色、橘红色，到强烈的红辣椒色、焦棕色，再到藏红花色，不同的色调有着不同层次的饱和度。

琥珀女王（Amber Queen）

花型： 绒球型

花朵尺寸： 2英寸（5厘米）

"琥珀女王"是最早开花的品种之一，这种开花超级多的品种是花园中真正的劳模。它娇小、铜色的纽扣状花朵闪闪发光，非常适合切花，是花束的绝妙材料。

巴比伦·布龙泽（Babylon Bronze）

花型： 不对称装饰花型

花朵尺寸： 8～10英寸（20～25厘米）

这个获奖品种的特点是花朵与深色的叶子形成了鲜明对比。不像其他的餐盘大丽花的花头过于沉重，"巴比伦·布龙泽"有着强壮的茎干和向上开放的花朵，非常适合切花和插花。这个品种也非常适合南方气候。

拜伦·凯蒂（Baron Katie）

花型： 不对称装饰花型

花朵尺寸： 4～6英寸（10～15厘米）

花朵是鲜艳的橙色，花瓣有轻微的凹槽和扭转，赋予花朵羽毛般的质感。茎干又长又强壮。

159

比阿特丽斯（Beatrice）

花型： 球型

花朵尺寸： 最大可达4英寸（10厘米）

很难找到一款优质的橙色大丽花，在恶劣的天气下能开满生机勃勃的花朵，而这种大丽花正符合这个要求。"比阿特丽斯"非常适合切花，在整个花季，高高的茎干上都能开出满满的花朵。

蓬头乱发（Bed Head）

花型： 内曲瓣仙人掌型

花朵尺寸： 4～6英寸（10～15厘米）

这个新品种的名字和它的外观非常贴切，显得张扬甚至有些疯狂。高大的植株上开满了橘红色的花朵，弯弯曲曲的花瓣充满野性。"蓬头乱发"可以做成漂亮的切花，每个来我们花园参观的人都非常喜爱这种大丽花。

本·休斯顿（Ben Huston）

花型： 不对称装饰花型

花朵尺寸： 10英寸（25厘米）以上

花朵在开始绽放时是暖杏色，但带有一抹深色，随着盛开，花朵中心会逐渐变成黄色。长而强壮的茎干使它成为秋季花束的绝佳材料。

布洛奎特·琼（Bloomquist Jean）

花型：不对称装饰花型

花朵尺寸：6～8英寸（15～20厘米）

高大、生机勃勃的植株上开满了铜色的花朵，花瓣尖尖的反曲着，让我们想起提线木偶。在花园里它们闪耀着迷人的光彩。

布洛奎特南瓜（Bloomquist Pumpkin）

花型：星型

花朵尺寸：6～8英寸（15～20厘米）

它的外花瓣是深褐色，而花心则是艳丽的黄色。这个品种的外观像是被风吹乱了，看起来非常有趣。

绚烂星辰（Bright Star）

花型：内曲瓣仙人掌型

花朵尺寸：4～6英寸（10～15厘米）

这一品种的名字如此贴切。它的花朵是令人愉悦的南瓜橙色，花瓣尖尖，茎干长而结实，丰花，在插花时非常突出。

红糖（Brown Sugar）

花型：球型

花朵尺寸：最大可达4英寸（10厘米）

锈桔红色花朵的下层花瓣随着盛开时间的增长会变软，变成暖赤陶色。球状的花朵具有耐候性，适合直立花束。

卡马尼奥·布兹（Camano Buz） ♥

花型：对称装饰花型

花朵尺寸：最大可达4英寸（10厘米）

这是我们种植过的最受欢迎的橙色品种之一。植物在整个季节都被暖色调的花朵包围着。强壮的茎干很适合切花，花朵大小也很适合做成花束。

卡特琳娜（Catalina） ♥

花型：球型

花朵尺寸：最大可达4英寸（10厘米）

这种大丽花的花朵是美丽的哈密瓜色，花的底色是橙色，长而强壮的茎干上生长着深绿色的叶子，在直立花束中非常受欢迎。

科尔内尔·布龙泽
（Cornel Bronze） ♥

花型： 球型

花朵尺寸： 4英寸（10厘米）

毫无疑问，这是市场上最好的橙色品种之一，有着铜色的花瓣和又长又壮的茎，非常适合切花。花具有耐候性，可以在花瓶中保存很长时间。

为维尼疯狂（Crazy 4 Vinnie） ♥

花型： 对称装饰花型

花朵尺寸： 最大可达4英寸（10厘米）

一种优秀的切花，植株直立生长，且生长高度统一，花朵的颜色是柔和、纯正的南瓜橙色。向上开的花朵与暗色强壮的茎，看上去非常与众不同。

大卫·第格韦德
（David Digweed）

花型： 对称装饰花型

花朵尺寸： 4英寸（10厘米）

花朵有着深色的花心和清澈的浅绿色花蕊。丰花，非常适合直立花束。

艾琳C（Eileen C）

花型： 银莲花型

花朵尺寸： 3.5英寸（9厘米）

在我们的试验田中，这个品种非常漂亮，花朵颜色由柿色和橙色组成，花期持久，是我们的最爱。外侧大而圆的花瓣环绕着金橙色蓬松的花心，营造出了一种热带感觉。

金杰·威洛（Ginger Willo） ♥

花型： 绒球型

花朵尺寸： 2英寸（5厘米）

这个品种将温暖的橘色和焦橙色完美地融合到了一起，适合与任何花材搭配。花朵开在长而纤细的茎干上。特别丰花，非常适合做胸花和花束，难怪花卉设计师会为这个小家伙疯狂。

希·帕蒂（Hy Patti） ♥

花型： 对称装饰花型

花朵尺寸： 6～8英寸（15～20厘米）

这是我们种植过的最好的橙色品种之一，这种令人惊叹的铜色宝石在整个花季都能开花。花朵大小中等，完美排列的花瓣向内轻轻弯曲。

希·桑坦（Hy Suntan）♥

花型： 球型

花朵尺寸： 3～4英寸（8～10厘米）

这种大丽花是花卉农场的最爱，其花朵呈球型，大小中等，颜色是令人惊叹的铜色。它们的植株较矮小，但如果提前打顶，会长出长而结实的茎干，非常适合切花。这是插花的必备品种。

爱尔兰光芒（Irish Glow）

花型： 绒球型

花朵尺寸： 最大可达2英寸（5厘米）

这个可爱的橘色覆盆子色品种，小小的圆形花朵会繁茂地在这个花季绽放。虽然植株娇小，但花朵长在长而强壮的茎干上，这使得它们非常适合切花和插花。

乔曼达（Jomanda）♥

花型： 对称装饰花型

花朵尺寸： 4～6英寸（10～15厘米）

"乔曼达"是我们种植的最丰花的品种之一，它的花朵是锈橙色，茎干颜色较深。花朵美观且花期持久，深受零售市场顾客的喜爱。

乔威·琳达（Jowey Linda）

花型： 不对称装饰花型

花朵尺寸： 3～4英寸（8～10厘米）

这些南瓜色的美人在花园里热烈地绽放，它们不但非常强壮，还具有极强的耐候性，且非常丰花，这一品种在各个方面来说都很优秀。

幸运湖景（Lakeview Lucky）

花型： 对称装饰花型

花朵尺寸： 4～6英寸（10～15厘米）

"幸运湖景"的颜色是由桃色和珊瑚色组成，一株植物有多种颜色的花头。其色调丰富，能搭配多种风格的插花作品。

林恩的布鲁克（Lyn's Brooke）

花型： 对称装饰花型

花朵尺寸： 4～6英寸（10～15厘米）

这个深桃色美人是我们试验田里非常杰出的品种。这种大株型的植物在整个花季都能欣欣绽放，颀长的茎干使它成为一个很好的切花品种。

马恩（也叫"西尔维亚"）
[Maarn (also sold as 'Sylvia')]

花型：小球型

花朵尺寸：2～3.5英寸（5～9厘米）

这些鲜艳、令人愉快的花朵在零售市场顾客中大受欢迎。这种生产力极高的植物在整个花季都能开出大量的花朵。

帕克兰荣耀（Parkland Glory）

花型：不对称装饰花型

花朵尺寸：8～10英寸（20～25厘米）

"帕克兰荣耀"的花朵是桔红色，花朵顶端有着金色的镶边，它热烈的颜色带有秋天收获的气息。其植株比较矮小，强壮、深色的茎干上开着向上的花朵。

小熊维尼（Pooh）

花型：领饰型

花朵尺寸：2～4英寸（5～10厘米）

"小熊维尼"的植株高大，能开出大量由亮黄色和红色组成的单瓣花。不像大多数的领饰型大丽花，它在花瓶中花期更持久，是优秀的切花品种。

163

南瓜香料（Punkin Spice）

花型：不对称装饰花型

花朵尺寸：6～7英寸（15～18厘米）

这个美人儿拥有耀眼的橙色花朵，有些花朵带有覆盆子的底色，有些花朵则带着一抹金色和红色。花瓣在顶端呈锯齿状，给花朵带来毛绒绒的质感。它们繁茂生长的植株需要额外的支撑。

罗斯·托斯卡诺
（Rose Toscano）

花型：对称装饰花型

花朵尺寸：3～4英寸（8～10厘米）

柔和的杏色花朵开在长而强壮的茎干上，是插花的理想选择。婚礼和活动设计师非常需要这种大丽花。

罗森代尔桃子（Rossendale Peach）

花型：对称装饰花型

花朵尺寸：4～6英寸（10～15厘米）

高而强壮的茎干开着干净的橙色花朵。这种令人愉快的品种有着美丽的花朵形状，在插花作品中有着极好的表现。

桑迪亚·比尔 J（Sandia Bill J）

花型：银莲花型

花朵尺寸：4～6英寸（10～15厘米）

大的星型花，覆盆子色的外侧花瓣上泛着蜜瓜色，杏色花心非常蓬松。茎干瘦、长且结实。

西尔维娅·克雷格猎人（Sylvia Craig Hunter）

花型：不对称装饰花型

花朵尺寸：6～8英寸（15～20厘米）

这种大丽花的花朵是浓郁的南瓜橙色，花头微微低垂。植株强健有力，直立生长，花朵开在深色、长而强壮的茎干上。

瓦莱·铁锈水桶（Valley Rust Bucket） ♥

花型：小球型

花朵尺寸：2～3.5英寸（5～9厘米）

这个花园劳模是由利昂和大卫·史密斯夫妇精心培育的。它的花朵呈深锈色，是每个参观花园的人的最爱。多花的植株在整个花季都能长出高大、耐候、持久的茎干。

维罗恩的 14-30（Verrone's 14-30） ♥

花型：锯齿边缘（流苏边缘）型

花朵尺寸：4～6英寸（10～15厘米）

鲜亮的冰糕橙色花有着锯齿边的花瓣，环绕着翠绿的花心。强壮的茎直立生长，植株能多开花。一直以来，这是我最喜欢的橙色品种之一。

维罗恩的桑德拉 J（Verrone's Sandra J）

花型：对称装饰花型

花朵尺寸：4～6英寸（10～15厘米）

锈色、覆盆子色和金色的花朵看起来就像秋天的日落。花瓣尖端点缀着覆盆子色，增添了趣味性。高大的植物有着强壮的茎干。

温的月光奏鸣曲（Wyn's Moonlight Sonata）

花型：不对称装饰花型

花朵尺寸：6～8英寸（15～20厘米）

这是我们种的最独特的品种之一。它那巨大的波浪形花瓣是鲑鱼粉色、珊瑚色和橘红色的完美结合。没有两朵花是完全一样的。

CORAL
珊瑚色

温暖的热带色调，包括木瓜色、柿子色、西瓜色、粉红葡萄柚色，以及暖鲑粉色。这些颜色是非常多用的，并能与大多数其他材料完美地组合在一起。

阿尔乔（Aljo）

花型： 裂瓣仙人掌型

花朵尺寸： 6～8 英寸（15～20 厘米）

其花朵是令人惊叹的鲑粉色，花瓣的长边对折起来，上面有一层淡淡的黄色，就其形状而言，花朵不易散开。有着长长的、强壮的、巧克力棕色的茎干。

阿斯克维斯 · 米妮
（Askwith Minnie） ♥

花型： 对称装饰花型

花朵尺寸： 6～8 英寸（15～20 厘米）

这是我们见过的最好的珊瑚色品种之一，这些花色彩丰富，极具热带风情，在长而强壮的黑色茎干的映衬下显得格外出众。这是一种生长旺盛、形状奇特的大丽花。

伯纳黛特 · 卡斯特罗
（Bernadette Castro）

花型： 对称装饰花型

花朵尺寸： 4 英寸（10 厘米）

柔和的珊瑚色花朵搭配桃色底色，显得格外艳丽。其植株多产，株型较小。

布洛奎特 · 贝丝
（Bloomquist Beth）

花型： 内曲瓣仙人掌型

花朵尺寸： 6～8 英寸（15～20 厘米）

这个有趣的品种有着褶叠的杏色花瓣，瓣尖端和边缘呈珊瑚色，花喉是黄色。对于花园种植和插花艺术来说，它都是一个不寻常的品种。

卡门假日（Carmen Fiesta）

花型： 对称装饰花型

花朵尺寸： 6～8 英寸（15～20 厘米）

这种强壮的大丽花能开出非常多的花朵。真正的花如其名——柔和的奶油黄色花朵有着樱桃红的斑纹，看上去非常有趣。

塞西尔（Cecil） ♥

花型： 对称装饰花型

花朵尺寸： 2～3.5 英寸（5～9 厘米）

这是设计师们的最爱。这些花朵的茎干很长，珊瑚色、桃色和杏色三种颜色组合在一起，令花朵看起来妩媚动人。

为丹疯狂（Crazy 4 Don）

花型： 对称装饰花型

花朵尺寸： 4～6英寸（10～15厘米）

"为丹疯狂"的花朵有着华丽的灰桃花色，其茎干强壮，绿色叶子非常光滑。它美丽的色彩适用于各种风格的插花。

菲尔·伊莉斯（Fur Elise）

花型： 对称装饰花型

花朵尺寸： 3～5英寸（8～13厘米）

"菲尔·伊莉斯"的花朵是鲜艳的珊瑚橙色，花瓣背面则是覆盆子色。此外，花瓣前端是尖尖的，伴有轻微反折，令花朵看起来大而蓬松。

希尔克雷斯特·基斯梅特（Hillcrest Kismet）

花型： 对称装饰花型

花朵尺寸： 5～6英寸（13～15厘米）

这种大丽花往往在夸张的花艺作品中表现出色。它的花朵是暖鲑橙色，花头微微下垂，茎干长而强壮，是大型插花作品的必选花材。

冰茶（Ice Tea） ♥

花型： 对称装饰花型

花朵尺寸： 3～4英寸（8～10厘米）

这个宝石一样的品种在我们试验田中是最受欢迎的。矮壮的植株在花境中生长良好，能开出大量的覆盆子桃色花，是插花的理想选择。

阴谋（Intrigue）

花型： 对称装饰花型

花朵尺寸： 4英寸（10厘米）

每个花季它都是最先开花的大丽花品种之一。花朵开始是明亮的珊瑚色，然后逐渐变成深覆盆子色。丰花且花期持久，深受零售市场客户的喜爱。

贾尼斯（Janice）

花型： 睡莲型

花朵尺寸： 4～5英寸（10～13厘米）

暖暖的浅橙色花朵朝上，外侧的花瓣会褪色成奶油色。长而强壮的茎干是手绑花束的最佳选择，其植株的产量也很高。

吉鲁巴舞蹈（Jitterbug）

花型： 对称装饰花型

花朵尺寸： 最大可达 4 英寸（10 厘米）

这种超级可爱的大丽花有着温暖的泡泡糖粉色花瓣和黄色底色，而花心呈薰衣草色，其植物株型较小。

凯诺拉·丽莎（Kenora Lisa）♥

花型： 对称装饰花型

花朵尺寸： 6 ～ 8 英寸（15 ～ 20 厘米）

这款珊瑚鲑鱼色的美丽花朵非常受花艺设计师的欢迎。在婚礼中有着极佳的表现，其植株在整个花季都能源源不断地开出美丽的花朵。

湖景风暴（Lakeview Storm）♥

花型： 不对称装饰花型

花朵尺寸： 4 ～ 6 英寸（10 ～ 15 厘米）

秋天日落色调的花朵色调，从覆盆子色到烟灰橙色，花瓣卷曲着，给花朵带来一种蓬松的质感。高大的植株有着细而强韧的深色茎干，非常适合插花。

169

琳内特（Lynette）

花型： 锯齿边缘（流苏边缘）型

花朵尺寸： 4 ～ 6 英寸（10 ～ 15 厘米）

"琳内特"的花朵是覆盆子色，朝上开着的花朵是薰衣草色，并带有花瓣纹理。花瓣尖尖的、卷曲着，绽放在长长的深色分枝茎上。

NTAC 米亚·李（NTAC Mia Li）

花型： 对称装饰花型

花朵尺寸： 3 ～ 5 英寸（8 ～ 13 厘米）

这种大丽花有着强壮的植株，能开出不同寻常的珊瑚色花朵，非常艳丽，花朵有着杏色和金色的底色调。丰花，花头朝上，是理想的混合和直立花束的材料。

帕姆·豪顿（Pam Howden）

花型： 睡莲型

花朵尺寸： 4 ～ 6 英寸（10 ～ 15 厘米）

"帕姆·豪顿"的花朵非常优雅，形状是完美的睡莲。花朵开在长而强壮的茎干上。扁平的碟状花朵有黄色的基底、桃红色的花瓣尖，覆盆子色的花瓣背面尤其突出。

彭希尔·西瓜
（Penhill Watermelon）

花型： 不对称装饰花型

花朵尺寸： 10英寸（25厘米）以上

这是我们种植过的最漂亮的餐盘品种之一。这颗巨大的蓬松的珍宝颜色极美，是由独特的桃色、薰衣草色和一抹黄色融合而来。繁花似锦，每一个看到它的人都会爱上它。

伊丽莎白公主（Princess Elisabeth）

花型： 对称装饰花型

花朵尺寸： 最大可达4英寸（10厘米）

这种大丽花的花朵朝上开放，色彩是由不同寻常的灰调覆盆子色与一层淡淡的金色组合而成。花朵的大小非常适合插花。当花朵还未完全开放时就要及时采收，因为在完全开放后花瓣就会脱落。

罗宾汉（Robin Hood）

花型： 球型

花朵尺寸： 4英寸（10厘米）

"罗宾汉"的花朵很大，颜色融合了珊瑚色、桃色和杏色。非常丰花，深受零售市场客户和花艺设计师的喜爱。

塞巴斯蒂安（Sebastian）

花型： 对称装饰花型

花朵尺寸： 3英寸（8厘米）

暖蜜瓜色花朵，桃色薰衣草色花心非常的耀眼。深色的叶子长在异常丰产的植株上，株型较为矮小。

九月的早晨（September Morn）

花型： 对称装饰花型

花朵尺寸： 5英寸（13厘米）

这是我们遇到过的生长最好的品种之一，始终优于其他的品种。花朵的颜色是由覆盆子色、金色和桃红色混合而成，当秋天夜晚凉爽时，花朵的颜色会变暗。朝上开的花朵是花束的最佳选择。

颓废展示（Showcase Decadent）

花型： 不对称装饰花型

花朵尺寸： 3～6英寸（8～15厘米）

这个颜色是如此的可爱，极易与其他颜色搭配。温暖的珊瑚鲑鱼色花朵盛开在高大的茎干上，茎干的颜色很深，和花朵形成强烈的对比，非常适合插花。

斯诺霍·多丽丝
（Snoho Doris）♥

花型： 球型

花朵尺寸： 4 ～ 5 英寸（10 ～ 13 厘米）

"斯诺霍·多丽丝"屡获殊荣，是我们最喜欢的五个品种之一，这种充满活力、直立生长的植株，有着长而强壮的茎干。花朵几乎不受天气的影响，花朵的颜色是由珊瑚色、桃色和杏色组成，是花艺设计师和零售市场顾客的最爱。

斯诺霍·乔乔（Snoho JoJo）♥

花型： 球型

花朵尺寸： 3.5 英寸（9 厘米）以上

这个美丽的铜色大丽花既漂亮又多花。茎干很长，在花季能开出大量的美丽花朵。

夏日美人（Summer Beauty）

花型： 不对称装饰花型

花朵尺寸： 8 ～ 10 英寸（20 ～ 25 厘米）

这是我们种的珊瑚色品种中最美丽的一种。它的花瓣尖上镀了一层金色，显得格外耀眼。花瓣看起来好像被刷上了闪光粉。

太阳黑子（Sun Spot）

花型： 球型

花朵尺寸： 3.5 英寸（9 厘米）以上

"太阳黑子"的茎干长而强壮，花朵是鲑鱼桃色，有着暖黄色的花心。这个品种有一个贴切的名字，适合直立花束。

怀尔伍德·玛丽
（Wildwood Marie）

花型： 睡莲型

花朵尺寸： 4 ～ 5 英寸（10 ～ 13 厘米）

长茎十上的化朵有着桃色和珊瑚色，柔和的黄色作为底色。朝上开的花朵和赏心悦目的色彩使它成了制作花束的绝佳选择。

伊冯（Yvonne）

花型： 睡莲型

花朵尺寸： 4 英寸（10 厘米）

闪耀着光彩且向上开的珊瑚色花朵散发着热带风情，让人联想起日出。花朵开在细长而结实的茎干上，是手绑花束的完美选择。

RASPBERRY
覆盆子色

这一组的花朵充满活力，它们的外观复古，有一种令人难以忘怀的质感。花朵的颜色皆出自丰富的水果色调，包括桑格利亚汽酒色、灰桃色、浅灰薰衣草色和覆盆子色。

AC 刺鸟（AC Thornbird）

花型：锯齿边缘（流苏边缘）型

花朵尺寸：6 ~ 8 英寸（15 ~ 20 厘米）

这种有趣的品种能结出数量众多的长茎干大丽花，其花瓣尖端呈流苏状，看起来就像被剪刀剪过一样。

爵士春秋（All That Jazz）♥

花型：对称装饰花型

花朵尺寸：4 ~ 6 英寸（10 ~ 15 厘米）

这种罕见的颜色让我们想起覆盆子柠檬水，而且花色似乎会随着天气的变化而发生变化。花瓣的尖端颜色稍浅，使花朵看起来大而蓬松。高大且强壮的植株非常丰花。

美国黎明（American Dawn）

花型：对称装饰花型

花朵尺寸：6 ~ 8 英寸（15 ~ 20 厘米）

这个独特的品种有着最可爱的紫色花心和反曲花瓣，堪称独一无二。茎干长而强壮，叶子颜色很深，花朵较大，是插花的必备花材。

安迪的遗产（Andy's Legacy）

花型：不对称装饰花型

花朵尺寸：6 ~ 8 英寸（15 ~ 20 厘米）

这是个灰桃色的宝藏品种，花瓣层层叠叠，有一种褶皱感。花朵开在暗色的茎干上，非常适合在婚礼上使用。

百加得（Bacardi）

花型：对称装饰花型

花朵尺寸：4 ~ 6 英寸（10 ~ 15 厘米）

这是我们种植的颜色最漂亮的品种之一，花朵是脏脏的玫瑰色，花瓣尖与花心却是深覆盆子色。当花蕾开放三分之一时就可以采收了，因为娇嫩的花瓣比大多数花瓣更容易受到天气的破坏。

巴拜瑞绅士（Barbarry Esquire）

花型：对称装饰花型

花朵尺寸：最多 4 英寸（10 厘米）

这个珍宝的花朵是洋红色，花心是栗色、紫色。艳丽的金色底色和磨砂感的花瓣尖端令它们看上去格外艳丽。

巴拜瑞·帝国
（Barbarry Imperial）♥

花型：对称装饰花型

花朵尺寸：4 ~ 6 英寸（10 ~ 15 厘米）

这种大丽花有着艳丽的西瓜色花朵，这种颜色独一无二。强壮的植物长着又长又结实的茎干。

巴梅拉美女（Belle of Barmera）

花型：对称装饰花型

花朵尺寸：10 英寸（25 厘米）以上

"巴梅拉美女"是巨大的美丽植物，它的花心是桃色，花朵是珊瑚覆盆子色，整体效果看起来非常迷人。高大的植株生长着长而强壮的茎干，茎干上开满了花朵，非常适合大型插花。

BJ 的对手（BJ's Rival）♥

花型：银莲花型

花朵尺寸：3 英寸（8 厘米）

这种新奇的颜色和花朵形状是我们见过最好的。花朵蓬松，颜色是由覆盆子色和金色两种色调组成，围着植株热烈生长，让我们想起了松果菊。这些花虽然外表娇嫩，但经得起风吹日晒。

174

布鲁·彼得（Blue Peter）

花型：内曲瓣仙人掌型

花朵尺寸：10 英寸（25 厘米）以上

这种大丽花的花朵微微低垂，蜘蛛状的花朵有着扭曲的花瓣，花朵的色调是温暖的杏黄色，花瓣的背面是淡紫调的腮红色。

拜伦·特菲尔（Bryn Terfel）

花型：不对称装饰花型

花朵尺寸：10 英寸（25 厘米）以上

巨大的珊瑚覆盆子色花朵开在长而强壮的茎干上。花瓣扭曲，在末端褪色成橘色，赋予这个品种独特的质感。

凯特琳的欢乐（Caitlin's Joy）

花型：球型

花朵尺寸：3.5 英寸（9 厘米）以上

这种大丽花的花朵是覆盆子色，有一定的金属感，茎干强壮，耐候且多产，非常适合直立花束。

卡梅诺·魔多（Camano Mordor）

花型： 球型

花朵尺寸： 4 英寸（10 厘米）

这种大丽花花朵形状饱满，生长密集，花朵的基色是黄色，花瓣的顶端是覆盆子珊瑚色。花朵这种惊人的日落色调，非常适合切花。

卡梅诺·神秘（Camano Mystery）

花型： 对称装饰花型

花朵尺寸： 4 ～ 6 英寸（10 ～ 15 厘米）

长而强壮的茎干上开着艳丽的花朵。尖尖的花瓣上有着淡淡的金色，显得既热烈又有趣。

嚼劲十足（Chewy）

花型： 对称装饰花型

花朵尺寸： 3 英寸（8 厘米）

这种大丽花的灌丛植株大小中等，花朵有着桃色、浅黄色和淡淡的紫色，整体颜色看上去很像铜色。

黛西·杜克（Daisy Duke） ♥

花型： 对称装饰花型

花朵尺寸： 最多 4 英寸（10 厘米）

经过数年的寻找，我们发现了这种粉红色、珊瑚鲑鱼色的花朵，花心则是淡紫色。短而结实的植株需要打顶和重剪才能长出长长的茎，但为了这独特的颜色，这些努力是值得的。

芬克里夫·无忧无虑
（Ferncliff Carefree）

花型： 小型

花朵尺寸： 2.5 ～ 3 英寸（6 ～ 8 厘米）

高大、多分枝的植株开出了大量的鲑鱼粉色花朵。长长的茎干非常适合切花。

芬克里夫·铁锈色
（Ferncliff Rusty） ♥

花型： 球型

花朵尺寸： 3.5 英寸（9 厘米）以上

多色调的花朵营造出了一种忧郁的气质。高大的茎干适合直立花束。植株能开出大量的花朵。

狡猾女士（Foxy Lady）

花型： 对称装饰花型

花朵尺寸： 最多 4 英寸（10 厘米）

灰紫色的花朵有着柔和的奶油色。花瓣的背面颜色较深，越发显得与众不同。"狡猾女士"是每年夏天最先开花的品种之一，非常高产。

Hy 西泽尔（Hy Zizzle）

花型： 环领型

花朵尺寸： 3 英寸（8 厘米）

这款新品种超级有趣，外花瓣尖尖的呈洋红色，与一层较短的流苏状花瓣围绕着花心。花心是圆锥形，颜色是金色、陶土色。茎干长长的，又有很多分枝，叶子则有着蕨类植物的纹理。

贾伯鲍克斯（Jabberbox）♥

花型： 对称装饰花型

花朵尺寸： 最多 4 英寸（10 厘米）

这种大丽花的植株高大、多产，花朵的颜色是柔和的桃色，花朵上的纹理是覆盆子珊瑚色，为花朵增添了更多的色彩。茎干长且壮实。

176

珍妮特·艾莉森（Janet Allison）

花型： 不对称装饰花型

花朵尺寸： 6 英寸（15 厘米）

这个品种绝对是一件稀世珍宝。花朵的颜色难得一见，混合了覆盆子色和金色，在整个季节色彩还会有很大的变化。

吉夫（Jive）

花型： 银莲花型

花朵尺寸： 3.5 英寸（9 厘米）

"吉夫"的花朵很大，呈星状，颜色是覆盆子色。花心蓬松，花心是金色。叶子的纹理类似蕨类植物。这个品种很新奇，色彩组合也非常惊艳。

乔威·弗兰博（Jowey Frambo）

花型： 小球型

花朵尺寸： 2～3.5 英寸（5～9 厘米）

在过去的一次大丽花试验中，"乔威·弗兰博"是非常出色的珍品。它的花朵是明亮的覆盆子粉红色，花朵数量很多，在整个花季都开放，茎干高大且强壮。

乔威·温妮（Jowey Winnie）♥

花型： 对称装饰花型

花朵尺寸： 3.5 英寸（9 厘米）以上

这些生机勃勃的植物一年四季都能开出大量花朵，花朵的颜色是淡淡的玫瑰色。茎干强壮，非常适合切花。这种大丽花是插花和婚礼花艺师的必备品种。

KA 的罗西·乔（KA's Rosie Jo）♥

花型： 对称装饰花型

花朵尺寸： 最多 4 英寸（10 厘米）

这款来自圣克鲁兹的大丽花，在其强壮的深色茎干上，开出了惊艳的灰色调覆盆子色花朵。稀有而美丽的颜色使得这个品种在我们的名单上名列前茅。

迷宫（Labyrinth）♥

花型： 不对称装饰花型

花朵尺寸： 8 ～ 10 英寸（20 ～ 25 厘米）

想要用语言来描述出这个品种的美几乎是不可能的。"迷宫"的植株充满活力，叶子的颜色较深，花朵很大，数量惊人，颜色是桃色覆盆子色。这种大丽花和我们以前种过的任何一个品种都不太一样。

吉普赛任务（Mission Gypsy）

花型： 对称装饰花型

花朵尺寸： 最多 4 英寸（10 厘米）

这种高及膝盖的植株会开出圆形的花，花朵有着令人惊叹的高傲和覆盆了色，并带有柔和的淡淡的薰衣草色，为这个品种赋予了神秘感。

碧西女士（Ms Prissy）

花型： 星型

花朵尺寸： 4 ～ 6 英寸（10 ～ 15 厘米）

较矮的植株能开出水分很多的西瓜色花朵。这种美丽的花瓣形状像波浪，花朵大小非常适合插花。

奥秘（Mystique）♥

花型： 对称装饰花型

花朵尺寸： 4 英寸（10 厘米）

植株在整个花季都能开花，茎干修长，数量极多，花朵的颜色则是灰玫瑰色。随着花朵的盛开，花瓣的外边缘会慢慢褪色，产生一种烟熏的效果，真是值得一看的景象。

欧米加（Omega）

花型： 锯齿边缘（流苏边缘）型

花朵尺寸： 10英寸（25厘米）以上

这种大丽花的植株高大，茎干长而强壮，花朵是烟熏珊瑚色，有一种闪耀的质感。因为花朵的色彩极易与其他植物搭配，所以这个品种是杰出的插花品种。

彭希尔·黑暗君主
（Penhill Dark Monarch）

花型： 不对称装饰花型

花朵尺寸： 10～12英寸（25～30厘米）

这是我们种植的最引人注目的大丽花之一，这个"阴郁的巨人"开出的灰梅子色花朵，深受所有来我们花园参观的人的喜爱。植物在长茎干上能开出大量巨大的有褶皱的花朵。

小人物（Pipsqueak）

花型： 领饰型

花朵尺寸： 3英寸（8厘米）

闪闪发光的覆盆子色花瓣环绕着一个色彩斑斓的淡紫色花心。这种大丽花的植株较小，多花。这个可爱的小东西在花境前端看起来很漂亮，而且很适合插花。

178

波尔卡（Polka）♥

花型： 银联花型

花朵尺寸： 4～6英寸（10～15厘米）

这款独一无二，造型独特的花，层层叠叠的奶油花瓣是它的特色，花瓣上点缀着蔓越莓色，环绕着蓬松的金色大花心。"波尔卡"没有两朵花会完全一样的，销售市场上也没有其他与其相同的品种。花朵耐候且花期持久。

赛跑鲑鱼（Salmon Runner）

花型： 对称装饰花型

花朵尺寸： 4英寸（10厘米）

这种大丽花的植株大小中等，能开出最美丽的烟熏珊瑚色和覆盆子色花。花瓣的边缘和尖端颜色稍微浅了一些，使花朵看起来大而蓬松。

桑迪亚·巴拿马（Sandia Panama）

花型： 银莲花型

花朵尺寸： 3.5英寸（9厘米）

这个品种能开出大量的娇小的花朵，在类似蕨类植物的叶片上迎着微风轻舞飞扬。外侧的花瓣是浓郁的樱桃红，花瓣尖端褪为象牙色，花心则是毛茸茸的金色。

暴风雨（Tempest）

花型： 对称装饰花型

花朵尺寸： 5 英寸（13 厘米）

温暖的珊瑚色与覆盆子色花朵被浅浅地覆上了一层薰衣草色。长期以来，这种独特的颜色一直是人们的最爱。

完全橘子（Totally Tangerine）

花型： 银联花型

花朵尺寸： 3 ~ 4 英寸（8 ~ 10 厘米）

所有参观我们花园的人，都表示这种大丽花是他们的最爱。花朵是独特的橘红色，花瓣的背面则是玫瑰红，色调柔和，极具东方魅力。植株紧凑，是花园花境与切花的绝好材料。

维斯塔·米妮（Vista Minnie）

花型： 奇形复瓣型

花朵尺寸： 4.5 英寸（11 厘米）

这种大丽花非常美丽，花瓣正面是桃色，背面是覆盆子色。花瓣卷曲，呈现出双色效果，看起来像一个风车。

华尔兹玛蒂尔达
（Waltzing Mathilda）♥

花型： 单瓣型

花朵尺寸： 4 英寸（10 厘米）

生动的珊瑚桃色花朵是这个农场最受喜欢的单瓣花，映衬在深色的叶子下，颜色显得越发鲜明。花量非常大，整个花季都不会看到花朵的凋敝。这是一个了不起的切花品种，也能为花园花境增色不少。

盲目崇拜（Wannabee）

花型： 银莲花型

花朵尺寸： 3 英寸（8 厘米）

这个品种的花朵是鲜艳的紫红色，花心是橘红色，看起来闪闪发亮，且非常蓬松，为花园增添了美丽的色彩。叶子像是蕨类植物，茎干呈深色。这种美丽的植物非常适合插花。

津德尔特神秘福克斯
（Zundert Mystery Fox）

花型： 小球型

花朵尺寸： 2 ~ 3.5 英寸（5 ~ 9 厘米）

这种大丽花的植株大小中等，非常多花，茎干长而强壮，花朵呈珊瑚橙色，花蕊很引人注目，是黄绿色。

PINK
粉红色

　　粉红色是很女性化的色调，芭蕾舞鞋色、灰玫瑰色、霜粉色、康乃馨色、泡泡糖色、品红色和紫红色都属于这一类。这个色系非常甜美，在婚礼上很受欢迎。

阿洛韦糖果（Alloway Candy）

花型： 星型

花朵尺寸： 4～6英寸（10～15厘米）

这款可爱的浅粉色花赢得了所有客人们的心，尤其是婚礼花艺师和新娘们。它的花量很大，是手绑花束的绝佳材料。

巴哈马岛妈妈（Bahama Mama）

花型： 不对称装饰花型

花朵尺寸： 4～6英寸（10～15厘米）

这种充满活力的植物有长而强壮的茎，它的花是桃红色的，花瓣尖端是丁香色，花心是奶油色。这种引人注目的色彩使它显得格外出众。

巴格莱晕边（Bargaly Blush）

花型： 对称装饰花型

花朵尺寸： 5～8英寸（13～20厘米）

口香糖粉色花朵开在大小中等的植株上，茎干长而强壮。相当大的花朵，很适合大型的花艺作品。

181

贝蒂·安妮（Betty Anne）

花型： 绒球型

花朵尺寸： 最大可达2英寸（5厘米）

小小的植株被最可爱的淡紫粉红色覆盖，花朵长在长而结实的茎干上。这是我们种的最高产的绒球品种之一——每棵植物每一季会有50～75朵花。

布隆奎斯特·艾勒（Bloomquist Isla）

花型： 对称装饰花型

花朵尺寸： 6～8英寸（15～20厘米）

中等大小的奶油色花朵，有着粉红色的花瓣尖和深色的蔓越莓色花心。这种可爱的颜色非常适合婚礼。

布拉肯·玫瑰（Bracken Rose）

花型： 对称装饰花型

花朵尺寸： 4英寸（10厘米）

这种美丽的大丽花有着最精致的灰玫瑰色，我们亲切地称之为"芭蕾舞鞋粉"。植株的长茎顶部开着轻微垂头的花朵，在插花作品中看起来非常好看。

卡玛洛·爱（Camano Love）

花型： 球型

花朵尺寸： 2 ～ 3.5 英寸（5 ～ 9 厘米）

一个充满活力的品种，能开出丰盈的紫红色偏薰衣草色的花朵，植株强健且花期持久。花朵有一种不同寻常的质感。

奇尔森的骄傲（Chilson's Pride）

花型： 不对称装饰花型

花朵尺寸： 4 ～ 6 英寸（10 ～ 15 厘米）

这个品种的特点是，花朵是柔和的粉红色，花心颜色较淡，在整个花季都能开出大量的花朵。花瓣尖端呈轻微的流苏状，使花朵看起来更加大而蓬松。颜色和大小都使它成为插花的理想选择。

奇马库姆·凯蒂
（Chimacum Katie）

花型： 对称装饰花型

花朵尺寸： 4 ～ 6 英寸（10 ～ 15 厘米）

在这个颜色类别中，"奇马库姆·凯蒂"是最优秀的大丽花品种之一，它鲜艳亮丽的粉红色花朵开在高而强壮的茎干顶部。植株高产，花朵整齐划一，是切花的绝佳选择。

科罗拉多经典（Colorado Classic）

花型： 不对称装饰花型

花朵尺寸： 4 ～ 6 英寸（10 ～ 15 厘米）

这款引人注目的大丽花有着尖尖的、波浪状的象牙色花瓣，花瓣的边缘和尖端带有鲜艳的糖果粉色调。花开在长长的茎干上，种植在花园里是极好的。

花哨的裤子（Fancy Pants）

花型： 兰花型

花朵尺寸： 3.5 ～ 4 英寸（9 ～ 10 厘米）

这种大丽花的植株高大健壮，花朵颜色是最美丽的樱桃色和粉红色，还带有白色纹理。花瓣折叠且扭曲，看起来和风车一模一样，蜜蜂喜欢它们。

快乐公主（Gay Princess）

花型： 不对称装饰花型

花朵尺寸： 4 ～ 6 英寸（10 ～ 15 厘米）

"快乐公主"的花朵颜色是泡泡糖粉色，花瓣尖是锯齿状，使花朵看上去毛茸茸的。其植株强健，直立生长，花朵会开在长茎干的顶端。

格里·霍克（Gerrie Hoek）

花型： 睡莲型

花朵尺寸： 5 ~ 6 英寸（13 ~ 15 厘米）

这种复古老派的大丽花品种会被如此广泛地种植，一点也不让人觉得奇怪。植株被漂亮柔和的粉红色花朵包围着，花朵朝上开，茎干强壮，是切花和插花的理想选择。

霍利希尔·棉花糖
（Hollyhill Cotton Candy）

花型： 内曲瓣仙人掌型

花朵尺寸： 6 ~ 8 英寸（15 ~ 20 厘米）

大的花朵看起来就像海葵一般。朝上的花有管状花瓣。这种大丽花无论在花园里种植还是用在插花作品中，都显得格外有趣。

霍利希尔·小指头
（Hollyhill Pinkie） ♥

花型： 锯齿边缘（流苏边缘）型

花朵尺寸： 4 英寸（10 厘米）

这种大丽花植株高大，花朵柔软，颜色是糖果般的粉红色，花瓣边缘呈紫色，尖端呈锯齿状，赋予了这个品种蓬松羽毛状的质感。

183

扬·范·谢菲勒
（Jan Van Schaffelaar）

花型： 绒球型

花朵尺寸： 最大可达 2 英寸（5 厘米）

这些茂盛的植物被大量明亮的粉红色花朵包围着。这种鲜艳的品种开在花园里如此引人注目，而且花朵尺寸是手棒花束的完美选择。

黛利拉小姐（Miss Delilah）

花型： 睡莲型

花朵尺寸： 6 英寸（15 厘米）

这种大丽花的形状完美，看起来就像睡莲一般。兰花粉色的花瓣基底有着奶油色的花心和深色的花蕊。植株大小中等，非常强壮，很适合直立花束。

泰根小姐（Miss Teagan）

花型： 裂瓣仙人掌型

花朵尺寸： 4 ~ 6 英寸（10 ~ 15 厘米）

毫无疑问，这是我们所见过的最好的粉红色大丽花之一，这个品种的花是贝壳粉色，有一抹淡紫色和奶油色。植株多产，茎干修长。

奥托的颤动（Otto's Thrill）

花型： 不对称装饰花型

花朵尺寸： 8～12英寸（20～30厘米）

这个巨大的玫瑰色餐盘品种深受大众喜爱，尤其是花艺师对它们赞不绝口。它的茎干长而结实，花朵巨大且闪闪发光，值得在每个切花花园中占有一席之地。

松林公主（Pinelands Princess）

花型： 锯齿边缘（流苏边缘）型

花朵尺寸： 6～8英寸（15～20厘米）

这种大丽花非常强健，花朵以独特的形状和颜色吸引人们的目光。奶油色的花瓣蘸上一点紫红色，看起来像是被粉红色的剪子剪下来的。在花园里它既有趣又引人注目。

粉红信使（Pink Runner）

花型： 对称装饰花型

花朵尺寸： 2～4英寸（5～10厘米）

花朵的基调是淡黄色，花瓣则是淡紫粉色，看上去色彩多样且艳丽。这些美丽的花生长在粗壮的茎干上，花朵向上开放，非常适合插花。

粉红西尔维娅（Pink Sylvia）

花型： 球型

花朵尺寸： 3.5英寸（9厘米）以上

这个品种生长茂盛，植株直立生长，茎干的颜色较深。带有磨砂边缘的紫红色使花朵看起来更大更蓬松，并增添了趣味性。

玫瑰色翅膀（Rosy Wings）

花型： 领饰型

花朵尺寸： 3～4英寸（8～10厘米）

这种大丽花的株型娇小，但仍能产生足够长的茎干用于切花，花朵看起来像大波斯菊。花瓣是可爱的淡紫色和粉红色，颜色稍浅的花瓣环绕着金色的花心。

桑迪亚坐垫（Sandia Pouffe）♥

花型： 银莲花型

花朵尺寸： 3.5英寸（9厘米）

这是我们最爱的大丽花之一，这个品种的花朵颜色是色彩饱和度很高的糖果粉红色。花朵的顶端有一层淡淡的金色，植株生机勃勃。

斯基普利·路易斯·让
（Skipley Lois Jean）♥

花型： 球型

花朵尺寸： 3.5 英寸（9 厘米）以上

这个美丽的品种花量惊人，是市场上最好的亮粉色品种之一。在整个花季，它都能产出大量高大强壮的茎干，以及不受风雨影响的鲜艳花朵。

塔霍玛四月（Tahoma April）

花型： 球型

花朵尺寸： 3.5 英寸（9 厘米）以上

这位花园劳模在整个花季都能开出大量的长茎干的深粉色花朵。丰花，非常适合切花。

塔霍玛小家伙
（Tahoma Little One）

花型： 对称装饰花型

花朵尺寸： 4 ～ 6 英寸（10 ～ 15 厘米）

乳白色的花朵在花瓣顶端刷上了一抹柔和的粉红色。无论是插花还是在婚礼中使用，都是一个很棒的品种。

大河马字体卢卡斯
（Tahoma Lucas）

花型： 球型

花朵尺寸： 3.5 英寸（9 厘米）以上

小株型的大丽花，开满了像棉花糖一样的鲜艳花朵。花朵看上去非常立体，是花束的完美选择。

维罗恩的 14 - 64
（Verrone's 14-64）

花型： 星型

花朵尺寸： 4 ～ 6 英寸（10 ～ 15 厘米）

中等大小的紫红色花朵的瓣尖尖锐，并反卷回来，露出浓密鲜艳的黄色花心。在花园里非常引人注目。

怀俄明婚礼（Wyoming Wedding）

花型： 不对称装饰花型

花朵尺寸： 4 ～ 6 英寸（10 ～ 15 厘米）

生命力旺盛的植株，花开在长而强壮的茎干上。波浪状的粉红色花瓣使这些花看起来非常蓬松，是花园和插花的绝佳选择。

PURPLE
紫色

这一类色彩的色调很多，且色彩饱和度不同，
包括淡紫色、丁香色、灰紫色、李子色、紫罗兰色
和葡萄紫色。这些颜色有很多忠实的追随者，通常
单独展示时效果最好。

奇马库姆·德尔·布洛玛
（Chimacum Del Blomma）

花型： 小球型

花朵尺寸： 2～3.5 英寸（5～9 厘米）

这可能是我们种植的颜色最深的紫色大丽花品种，这些花在花园里绽放得格外引人注目。中等大小的植株上开出深葡萄紫色的花朵，令人眼花缭乱，是理想的市场销售品种。

清景·丽拉（Clearview Lila）

花型： 星型

花朵尺寸： 4～6 英寸（10～15 厘米）

这种大丽花的花瓣颜色很淡，花瓣尖尖，珍珠白色的穹顶状花朵非常有立体感。植株大小中等，花朵在长而结实的茎干上绽放。

克利夫顿·乔迪
（Clifton Jordi）

花型： 对称装饰花型

花朵尺寸： 4～6 英寸（10～15 厘米）

花朵最开始是玫瑰粉色，然后逐渐变成奶油色，紫色晕变的花瓣尖非常闪亮。植株较矮小。

疯狂克莱尔（Crazy Cleere's）♥

花型： 小球型

花朵尺寸： 2～3.5 英寸（5～9 厘米）

这个大丽花品种是我们在农场种植的最多产的小球型大丽花之一。植株上满是可爱的粉色奶油色和薰衣草色花朵，是很棒的颜色组合，植株大小是花束的理想尺寸。

老爹最爱（Dad's Favorite）

花型： 银莲花型

花朵尺寸： 5 英寸（13 厘米）

这些紫色的花朵非常与众不同，它们可爱的深紫色花瓣和毛茸茸的带金色斑点花心十分引人注意。植株在整个生长季节都能产出大量的长长的茎干。

劲舞皇后（Dancin' Queen）

花型： 星型

花朵尺寸： 7 英寸（18 厘米）

花朵整体呈柔和的淡紫色，向着花心的花瓣颜色更浅些，这使花朵看起来像结了霜一样，花瓣尖则是白色。花朵向上开，花瓣有些反折。

绒毛（Fluffles）

花型： 对称装饰花型

花朵尺寸： 5 英寸（13 厘米）

这些非常引人注目的美人看起来就像黑莓芝士蛋糕。它们的花朵是不寻常的蓝紫色，色调较柔和，花心是乳白色，叶子是深绿色，植株非常多产。

弗兰克·福尔摩斯（Frank Holmes）

花型： 绒球型

花朵尺寸： 1.5 ～ 2 英寸（4 ～ 5 厘米）

这种大丽花小小的，是我们花田里最可爱的大丽花，它的花色是鲜艳的紫罗兰色，带有一层深紫色。在整个花季，它们都能在长而强壮的茎干上持续盛开。

热那亚（Genova）♥

花型： 小球型

花朵尺寸： 2 ～ 3.5 英寸（5 ～ 9 厘米）

这种充满活力但易于打理的植株，能结出最美丽的薰衣草色花朵，球状花有着独特的黑色花蕊。高大而强壮的茎干使它们成为极好的切花。

188

西尔托普·格洛（Hilltop Glo）

花型： 对称装饰花型

花朵尺寸： 4 ～ 6 英寸（10 ～ 15 厘米）

这种大丽花的颜色组合非常美丽，花朵有着粉红色的紫色边缘和花瓣尖。虽然植株较为矮小，但是花朵却很大，生长在长而强壮的茎干上。

霍利希尔·莉斯（Hollyhill Liz）

花型： 小球型

花朵尺寸： 2 ～ 3.5 英寸（5 ～ 9 厘米）

这种大丽花的植株强壮且耐寒，是大丽花花田里的最佳单品。娇小的李子色花朵上有一层浓郁的暗葡萄紫色，花朵长在强壮的深色茎干上。这个品种充满了活力，是制作花束的绝佳材料。

可可泡芙（Koko Puff）

花型： 绒球型

花朵尺寸： 2 英寸（5 厘米）

这个品种有着最精致的淡灰紫色色调花朵，可以和许多不同的色调完美混搭。在整个花季都能不断开花。

莱拉草原玫瑰
（Leila Savanna Rose）

花型： 裂瓣仙人掌型

花朵尺寸： 5 英寸（13 厘米）

这种大丽花的植株大小中等，充满活力，且直立生长。花朵颜色是不同寻常的薰衣草色花，有葡萄色的纹理，背面也是葡萄色，多头花型。

曼波舞（Mambo）♥

花型： 银莲花型

花朵尺寸： 4 英寸（10 厘米）

这是我们种过的最有趣的品种之一。植株被一团团蓬松的花朵包围着，外侧的花瓣是温暖的紫罗兰色，花心则是蔓越莓与奶油色调。

玛丽的乔曼达
（Mary's Jomanda）♥

花型： 球型

花朵尺寸： 3.5 英寸（9 厘米）以上

令人惊叹的艳丽的品红色品种，在整个花季都能开出大量的花朵。长期以来，一直是花田农场的最爱。

梅根·迪恩（Megan Dean）

花型： 球型

花朵尺寸： 2 ~ 3.5 英寸（5 ~ 9 厘米）

高大而多产的植株开出了中等大小的花朵，呈淡紫色，花心颜色较深。这种美丽柔和的颜色非常适合做花束。

墨西哥（Mexico）

花型： 银莲花型

花朵尺寸： 4 ~ 5 英寸（10 ~ 13 厘米）

这款可爱的新产品的花瓣是兰花粉色，心心是艳丽的黄色和覆盆子色。长而强壮的茎被花朵覆盖，是花园种植的绝妙选择。

米·王（Mi Wong）

花型： 绒球型

花朵尺寸： 最大可达 2 英寸（5 厘米）

这个可爱的品种能开出带有浅色基底、浅粉紫色的花朵，花朵是漂亮的圆形，非常适合在婚礼中使用。这是我们农场里种植的最小巧甜美的品种之一。

内莉的玫瑰（Nellie's Rose）

花型： 绒球型

花朵尺寸： 最大可达 2 英寸（5 厘米）

小小的葡萄色色花朵呈蜂房状。植株较矮小，会分枝。仅仅为了拥有这个漂亮的颜色，就值得种在你的花园里。

尼金斯基（Nijinsky）

花型： 球型

花朵尺寸： 3.5 英寸（9 厘米）以上

如此多的优良品质使得这个品种成为最好的紫色球型大丽花之一。作为一个强壮的品种，植株非常多产，能开出大量灰紫色的花。

吹嘘（Puff-N-Stuff）

花型： 奇形复瓣型

花朵尺寸： 3.5 英寸（9 厘米）

这一品种使人想起松果菊，花朵外侧有着暖色的红紫色花瓣，上面有不同颜色的斑纹。外侧花瓣向后反折，环绕着充满褶皱且颜色较深的花心。

190

顺其自然（Que Sera）

花型： 银莲花型

花朵尺寸： 5～6 英寸（13～15 厘米）

我们花田里最有趣的大丽花之一，朝上开的花朵有白色和紫色的花瓣，环绕着蓬松的金色花心。粗壮的植株上长满了类似蕨类植物的叶子。

RC 巴西黛安娜（RC Diane Brazil）

花型： 星型

花朵尺寸： 5 英寸（13 厘米）

这种大丽花的植株强壮，花朵非常美丽。在花朵背面薰衣草色的衬托下，反折花瓣有着葡萄色和白色纹理，营造出了一种旋涡的效果。

萨利什变暗
（Salish Going Dark）♥

花型： 球型

花朵尺寸： 4.5 英寸（11 厘米）

华盛顿的种植者娜奥米·诺丽·莫里森培育出了这种经典的切花大丽花。它的花朵是淡灰紫色的，外花瓣是深酒红紫色，有铜色抛光质感。类似蕨类植物的叶子增添了更多的趣味，看起来更有空间感。

前辈的希望（Senior's Hope）

花型： 不对称装饰花型

花朵尺寸： 5 英寸（13 厘米）

花瓣是淡银紫色，背面是颜色较深的李子色，同样是深李子色的条纹延伸至深色的花心。植株较为矮小，叶子颜色较深，但花朵的色调非常清新。

希洛·诺艾尔（Shiloh Noelle）

花型： 不对称装饰花型

花朵尺寸： 8 ～ 10 英寸（20 ～ 25 厘米）

这是非常精致的餐盘品种，这个淡紫色的宝藏品种是婚礼和大型插花作品的必选花材。

斯基普利·金色圆点（Skipley Spot of Gold）♥

花型： 对称装饰花型

花朵尺寸： 最多 4 英寸（10 厘米）

这种大丽花的颜色非常罕见，是花艺设计师必须种植的大丽花之一。每一片玫瑰薰衣草色的花瓣上都有一个完美精致的金点，整体效果非常美丽。

斯诺霍·索尼娅（Snoho Sonia）

花型： 球型

花朵尺寸： 3.5 英寸（9 厘米）以上

这些大的、郁郁葱葱的植株被淡紫粉色的花朵所包围。对于一个紫色品种来说，它显得非常浪漫柔和。

塔霍玛·星型费勒（Tahoma Stellar Feller）♥

花型： 恒星型

花朵尺寸： 5 ～ 6 英寸（13 ～ 15 厘米）

亮丽的雪白色花朵上晕染了一层柔和的薰衣草色，化心颜色稍深一些。这些高大的植物有着很长的茎干，很适合插花。

起飞（Take Off）

花型： 银莲花型

花朵尺寸： 3 ～ 4 英寸（8 ～ 10 厘米）

这种大丽花非常特殊，花瓣是柔和的兰花色调，环绕着轻盈蓬松的花心。这种大丽花没有两朵花是一样的。深色的茎和类似蕨类植物的叶子是它非常突出的特点，其植株高大，可能会被误认为是牡丹。

特威利特（Twilite）

花型： 银莲花型

花朵尺寸： 4 英寸（10 厘米）

这种矮生的大丽花就像宝石一般，看起来像一个巨大的重瓣松果菊。柔和的淡紫色和粉红色外花瓣反折，露出了覆盆子色和金色的花心。

瓦西奥·梅戈斯（Vassio Meggos）

花型： 对称装饰花型

花朵尺寸： 8 ～ 10 英寸（20 ～ 25 厘米）

这种美丽的淡紫色花朵有着长长的茎，花朵巨大，能够吸引到每一个人的注意力。

维斯塔·小指头（Vista Pinky）

花型： 星型

花朵尺寸： 5 英寸（13 厘米）

这种大丽花的名字带有误导性，烟熏金属葡萄紫色的花朵古色古香。背部花瓣反折，展现出一个深色的花心。仅仅为了这一抹色彩，这种品种也是值得种植的。

威洛菲尔德·马修（Willowfield Mathew） ♥

花型： 对称装饰花型

花朵尺寸： 3 英寸（8 厘米）

这是我们种植过的最好的紫丁香玫瑰色的大丽花之一。这种高大、产量极高的美丽植株，有着大量的长而强壮的茎干，在花期时不断开花，也是我们农场最早开花的品种之一。

温的淡紫色烟雾（Wyn's Mauve Mist）

花型： 裂瓣仙人掌型

花朵尺寸： 6 ～ 8 英寸（15 ～ 20 厘米）

这种充满活力的植株，开出的花能应用到任何场合，花朵是柔和的紫罗兰色，上面泛着一层薄薄的灰色。这种灰蒙蒙的、柔和的效果很适合插花，茎干呈深色，让它的元素更多样化，更具观赏性。

美丽的一天（Zippity Do Da）

花型： 绒球型

花朵尺寸： 最多 2 英寸（5 厘米）

糖果粉色的花有着深紫色的花蕊，充满活力的植株有着光滑的绿色叶子。非常丰花，绝对可爱。

RED
红色

红色大丽花无论在花园和花瓶中都能引人注目
并极具感染力，这强烈的颜色集合包括红宝石色、
鲜红色、猩红色、番茄汤红色、罂粟红，甚至有些
颜色让人想起条纹薄荷糖。

AC 高卢雄鸡（AC Rooster）

花型： 星型

花朵尺寸： 3 ～ 4 英寸（8 ～ 10 厘米）

这种大丽花的花朵是番茄汤红色，尖尖的花瓣尖向后掠去，像是羽毛一般。这是我最喜欢的红色大丽花品种之一。

阿劳纳·惊喜袋
（Alauna Pochette Surprise）

花型： 仙人掌型

花朵尺寸： 4 ～ 6 英寸（10 ～ 15 厘米）

鲜艳的珊瑚红色花朵和白色的霜花质感的瓣尖使我们想起风车，是花园中的杰出品种。

朝日长治（Asahi Chohji）

花型： 银莲花型

花朵尺寸： 3 ～ 4 英寸（8 ～ 10 厘米）

这是一个有趣且令人感到愉悦的新奇品种。尽管它们外表娇嫩，但它们的茎相当强壮，看起来就像上面放着条纹薄荷糖。

理发店红白杠招牌（Barberpole）

花型： 银莲花型

花朵尺寸： 4 ～ 5 英寸（10 ～ 13 厘米）

这种大丽花的花瓣颜色是红色和白色，花心蓬松，颜色则是白色和金色。这款引人注目的新品种像是老式的糖果条纹。

布洛奎斯特·乔尔
（Bloomquist Joel）

花型： 锯齿边缘（流苏边缘）型

花朵尺寸： 6 ～ 8 英寸（15 ～ 20 厘米）

艳丽的尖花瓣扭曲着，露出深色的瓣尖，使花朵看上去像蒙上了一层霜，茎干长而强壮。

布洛奎斯特·小保罗
（Bloomquist Paul Jr.）

花型： 小球型

花朵尺寸： 2 ～ 3.5 英寸（5 ～ 9 厘米）

可爱的深红色花朵生长在强壮的茎上。强壮、多产的植物开出大量引人注目的圆形花。

彗星（Comet）

花型： 银莲花型

花朵尺寸： 4～6英寸（10～15厘米）

这些红宝石色的花朵看起来像毛茸茸的非洲菊。花瓣背面会闪烁变色。这种新奇的品种有着很长的茎。

康奈尔（Cornel）♥

花型： 球型

花朵尺寸： 4英寸（10厘米）

这种植物的茎长而结实，非常适合切割。花朵的特点是深色的樱桃红色花瓣，看起来就像厚重的天鹅绒。花具有耐候性，可以在花瓶中保存很长时间。毫无疑问，它是市场上最好的红色品种。

为艾雅莎疯狂（Crazy 4 Ieashia）

花型： 对称装饰花型

花朵尺寸： 4英寸（10厘米）

深红色的花朵的底调是巧克力色，随着花龄的增长会逐渐变成铜红色。花瓣的背面撒上了一层金色，令花朵闪闪发光。茎长而强壮，植物非常多产。

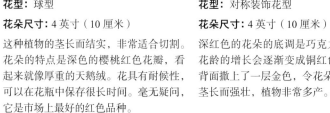

克雷沃克尔（Creve Coeur）

花型： 裂瓣仙人掌型

花朵尺寸： 10英寸（25厘米）以上

这种引人注目的大丽花有着长而强壮的茎干，能撑起巨大的烟红色花朵。它们是花园里的佼佼者。

鼓手（Drummer Boy）

花型： 对称装饰花型

花朵尺寸： 8～10英寸（20～25厘米）

这种红色的美丽花朵，花头形态完美，花心颜色较深，为花朵增加了更多的立体感。中等大小的植物上开满了花。

向上吉蒂（Gitty Up）♥

花型： 球型

花朵尺寸： 3英寸（8厘米）

每一个来参观我们花园的人都会非常喜欢这个新奇的品种，它的花心是樱桃红色，周围环绕着鲜艳的橙色花瓣。虽然它的花朵看起来相当娇嫩，但耐候性极佳，而且生产力非常高。它们会使花艺作品更加美妙。

乔威·约书亚（Jowey Joshua）

花型：球型

花朵尺寸：3.5 英寸（9 厘米）

不寻常的深红色与金色底色赋予花朵金属般的质感。这种耐寒、充满活力的花园植物能长出长而强壮的茎。

肯的选择（Ken's Choice）

花型：球型

花朵尺寸：3.5 英寸（9 厘米）以上

花园里的劳模，一年四季都能开出丰富多彩的红宝石色花朵。这种耐寒的植物能生长出耐候性强的长茎花，非常适合切花。

花心大少（Lover Boy）

花型：裂瓣仙人掌型

花朵尺寸：6 英寸（15 厘米）

这个深红色的美人，红彤彤的花朵令人难以抗拒。花朵的底色微微发蓝，尖尖的红宝石色花瓣和长长的茎干，使它们在花园和花瓶中非常引人注目。

卢平·不列颠（Lupin Britain）

花型：绒球型

花朵尺寸：最多 2 英寸（5 厘米）

喜庆的桔红色花朵，花瓣边缘颜色稍浅。田野里那些圆圆的小花就像棒棒糖。

斯佳丽女士（Ms Scarlett）♥

花型：球型

花朵尺寸：2 ~ 3.5 英寸（5 ~ 9 厘米）

花朵是成熟的樱桃色，长在强壮的茎干上。这个丰花的美人是直立花束和切花的绝佳选择。

桃金娘的白兰地
（Myrtle's Brandy）♥

花型：对称装饰花型

花朵尺寸：4 ~ 6 英寸（10 ~ 15 厘米）

这是我们种过的最漂亮的红白双色大丽花。大型的植株被引人注目的、花头微微下垂的花朵所覆盖。茎干很结实，花朵具有耐候性。

桑迪亚战冠（Sandia Warbonnet）

花型：锯齿边缘（流苏边缘）型

花朵尺寸：6～8英寸（15～20厘米）

这种超级有趣的双色品种有着烟红色的花朵和白色的花瓣尖。蓬松的花朵看起来就像演出服饰上的羽毛。

圣诞老人（Santa Claus）♥

花型：不对称装饰花型

花朵尺寸：4～6英寸（10～15厘米）

这个品种非常有趣，它的最大特点是白色的花瓣和红橙色的花心。花瓣向后弯曲，稍稍扭曲，赋予了花朵羽毛般的外观。这种长茎的品种外表娇嫩，但花朵具有较好的耐候性。

斯巴达克斯（Spartacus）

花型：不对称装饰花型

花朵尺寸：9～12英寸（23～30厘米）

这个夸张的品种能开出大量深天鹅绒红色的花朵，在各种花展中不断获奖。它也是一种极好的适合繁殖块茎的品种。

塔霍玛天鹅绒
（Tahoma Velvet）♥

花型：对称装饰花型

花朵尺寸：4～6英寸（10～15厘米）

深沉的、天鹅绒般的深红色花朵，长在长而强壮的茎干上。这是一种非常好的切花，是花园里的佼佼者。

陶姆索克（Taum Sauk）

花型：裂瓣仙人掌型

花朵尺寸：10英寸（25厘米）以上

大型的红色花朵有着长长的尖尖的花瓣，上面有深色的纹理，这让我们想起了烟火。这个品种有着长而强壮的深色茎干。

风车（Windmill）

花型：单瓣型

花朵尺寸：4英寸（10厘米）

这款造型奇特的大丽花应该被称为薄荷太妃糖，它有着卷曲的红白相间的花瓣，花瓣分散开，围绕着金色的花心。切花花期异常持久。

MAROON/BLACK
褐红色 / 黑色

这种颜色自带戏剧性，充满了诡异感和神秘感。
这一类色彩囊括的范围极广，不同色彩之间存在细
微的差别，从乌黑色到深褐红色，底色包括了微妙
的冷紫色或温暖的红色。

黑水仙（Black Narcissus）♥

花型： 锯齿边缘（流苏边缘）型

花朵尺寸： 6～8英寸（15～20厘米）

这个黑色宝物来自一位好友的馈赠，它有着尖尖的花瓣。种植这种大丽花，除了可以收获一桶桶的有质感的切花外，它还为花园和花瓶增添了几分趣味性。"黑水仙"对天气变化有些敏感，所以最好在完全成熟之前采摘，让它在室内完全开放。

嗡嗡隆隆（Bumble Rumble）

花型： 领饰型

花朵尺寸： 3～4英寸（8～10厘米）

这种大丽花让我们想起了小丑的衣领，外层的花瓣以白色为主，上面有覆盆子色和紫色，围绕着一圈较短的白色内侧花瓣。这个品种是一个话题中心，人们都在谈论它，蜜蜂也非常喜欢它。

奇马库姆·黑夜（Chimacum Night）

花型： 对称装饰花型

花朵尺寸： 最多4英寸（10厘米）

整个花季都能开出大量的美丽的红褐色花朵。这些花长在又高又壮的茎干上。这个品种是令人惊叹的品种，非常丰花。

奇马库姆·特洛伊（Chimacum Troy）

花型： 小球型

花朵尺寸： 2～3.5英寸（5～9厘米）

这位花园劳模有着长而强壮的茎干和完美统一的花朵。花的颜色就像是红酒。这个品种在花展中连连获胜。

天后（Diva）♥

花型： 对称装饰花型

花朵尺寸： 6英寸（15厘米）

这些高大的植株会开出桑格利亚汽酒[1]般的花朵，花瓣形状完美。这种颜色绝对是令人惊叹的，在花园中闪耀着迷人的光彩。

格伦广场（Glenplace）

花型： 绒球型

花朵尺寸： 最多2英寸（5厘米）

这些深梅洛葡萄色花朵，长期是我们的切花花园里的主要品种。它的耐候性很强，适合直立花束。

201

1　桑格利亚汽酒（sangria）是一种源于西班牙的饮品，是由葡萄酒或白兰地加水果和柠檬饮料调制而成，非常适宜夏季冰镇饮用。

霍利希尔·黑美人
（Hollyhill Black Beauty）

花型： 不对称装饰花型

花朵尺寸： 4～6英寸（10～15厘米）

高大、健壮的植物上能开出长茎干的天鹅绒般的黑色花朵。非常适合切花。

伊内哥（Inego）

花型： 对称装饰花型

花朵尺寸： 最多4英寸（10厘米）

花朵的颜色非常引人注目，花朵初开是浓郁的红褐色，外侧的花瓣会逐渐变成洋红色。这种植物高大强健，茎干长而结实。

艾里什·黑心（Irish Blackheart）

花型： 星型

花朵尺寸： 4～6英寸（10～15厘米）

这是我种过的最好的深色双色品种之一。紫红色的花瓣有着明亮的白色花心和花瓣尖，使花朵具有独特的外观。

伊万内蒂（Ivanetti）

花型： 球型

花朵尺寸： 3.5英寸（9厘米）以上

在这个颜色类别中，"伊万内蒂"是最好的选择，它整个花季都能开满深浆果色调的花朵。长而强壮的茎干和耐候性强的花朵使它成为极好的切花品种。

杰西 G.（Jessie G.）

花型： 球型

花朵尺寸： 3.5英寸（9厘米）以上

这种多产的有着勃艮第色的珍品有着强壮的茎干，适合插花。

乔威·玛丽莲（Jowey Marilyn）

花型： 对称装饰花型

花朵尺寸： 4～6英寸（10～15厘米）

酒红色的花朵生长在长而强壮的茎干上。花瓣顶端有一抹淡淡的银色，给花朵带来金属般的质感。

乔威·米雷拉（Jowey Mirella）♥

花型： 球型

花朵尺寸： 3～4英寸（8～10厘米）

这种大丽花既耐寒又丰花，在整个花季都能不断开花。高大强壮的茎干使它成为一种极好的切花。

抢跑（Jump Start）♥

花型： 银莲花型

花朵尺寸： 4英寸（10厘米）

巧克力般的深褐色花朵有一个被一圈单层的花瓣包围的黑色毛茸茸的花心。它让我们想起了巧克力秋英。植株不是很高，但非常多产，会分枝。

卡尔马·乔科（Karma Choc）

花型： 睡莲型

花朵尺寸： 4～5英寸（10～13厘米）

这些天鹅绒般的梅洛葡萄色花朵有颜色稍浅的外部花瓣。花朵在这低矮的植株上闻起来像巧克力一般，单单为了这种独特香味就非常值得种植。

203

荒野（Moor Place）

花型： 绒球型

花朵尺寸： 最多2英寸（5厘米）

这可爱的按钮状大丽花是花田中的劳模，极其丰花。每一枝植株在整个花季都被小型深栗色花朵包围着。长而强壮的茎干和良好的耐候性使它成为一个优秀的切花品种。

纳塔尔（Natal）♥

花型： 小球型

花朵尺寸： 3英寸（8厘米）

这是我们所种植的最稳定、最丰花的深色花品种之一，它长而结实的茎干上开出了大量耐候的花朵。鲜花是完美的手绑花束材料。

蓬蓬裙（Poodle Skirt）♥

花型： 复瓣环领型

花朵尺寸： 3英寸（8厘米）

低矮的植株被最可爱的灰紫色花朵覆盖着。外侧的花瓣大幅度反折，环绕着蓬松的花心。大多数人不会猜到它竟然是一种大丽花。

洛克（Rocco）

花型：绒球型

花朵尺寸：最大可达 2 英寸（5 厘米）

这个可爱的迷你品种开满了可爱的波森莓色的花朵，每朵花都有上百个向内弯曲的花瓣。虽然植株较为矮小，但这种丰花品种是非常棒的切花。

摇滚明星（Rock Star）

花型：银莲花型

花朵尺寸：3 英寸（8 厘米）

银莲花形状的花是美丽的深蔓越莓色，有着厚厚的毛茸茸的花心。这个可爱的花园劳模能长出长长的茎干。

志同道合（Soulman）♥

花型：银莲花型

花朵尺寸：4 ~ 6 英寸（10 ~ 15 厘米）

这种大丽花有着天鹅绒般的深褐色花朵，花心有多层花瓣，颜色较暗，背面的花瓣稍稍反折。当花凋谢时，花瓣尖会变成深红色。植物的叶子类似蕨类植物。

铜锣（Tam Tam）

花型：球型

花朵尺寸：3.5 英寸（9 厘米）以上

这个勤劳的大丽花品种在整个花季都被红黑色的花朵包围着。花朵的尺寸、引人注目的颜色和长长的茎干，使它成为很棒的切花品种。

格子呢（Tartan）

花型：不对称装饰花型

花朵尺寸：7 ~ 8 英寸（18 ~ 20 厘米）

卷曲的花瓣是带有白色花瓣尖的深褐色。长而强壮的茎干能开出颜色多变的大朵花头——没有两朵花的颜色会是完全相同的。

维罗恩的黑曜石
（Verrone's Obsidian）

花型：兰花型

花朵尺寸：4 ~ 5 英寸（10 ~ 13 厘米）

中等大小的植株被颜色最深的黑色星形花所覆盖，蜜蜂也一样钟爱它。花瓣微微卷曲，使它格外引人注目。要在花朵还未完全成熟时采收。

RESOURCES

资源库

采购

A.M. Leonard A.M. 伦纳德

www.amleo.com

工具和用品，包括阿特拉斯 370 丁腈手套、干草叉和高枝剪。

Amazon 亚马逊

www.amazon.com

生根激素（我喜欢液状伍德的生根化合物和柯奈科斯生根凝胶）、鲜花营养剂、阿特拉斯 370 丁腈手套和金属植物标签。

Dripworks 滴灌作坊

www.dripworks.com

灌溉用品，包括滴灌带和土钉。

Farmhouse Pottery 农舍陶艺

www.farmhousepottery.com

独特的手工陶制花瓶的绝佳供应商。

Floral Supply Syndicate 花艺用品供应集合

www.fss.com

这个全国连锁店不仅销售花卉营养剂，还销售各种花瓶和花艺设计用品。

Floret Farm 小花农场

www.floretflowers.com

我们在网上商店贩售本书中提到的，许多插花作品中的花种、插花用品、园艺工具和球根。

Frances Palmer Pottery 弗朗西丝 · 帕尔默的陶器

www.francespalmerpottery.com

我最喜欢的手工制陶艺术的花瓶的供应商。

Growing Solutions 种植解决方案

www.growingsolutions.com

堆肥原料供应和设备。

Johnny's Selected Seeds 约翰尼的种子严选

www.johnnyseeds.com

一个很棒的邮购供应商，销售播种盘、加热垫、专业工具、天然肥料及驱虫剂。

Paw Paw Everlast Label Company 爪爪持久标签公司

www.everlastlabel.com

这个超棒供应商售卖散装金属植物标签和标记用品。

UMass Soil and Plant Tissue Testing Lab 马萨诸塞大学土壤和植物组织测试实验室

http://ag.umass.edu/services /soil-plant-nutrient-testing-laboratory

Mail-order soil testing laboratory. 邮寄土壤测试实验室。

207

ACKNOWLEDGMENTS
鸣谢词

艾琳·本泽肯

这本书是真正的爱的结晶，有那么多了不起的人参与了它的创作。克里斯，你真的用这些漂亮的照片超越了自己。感谢你一直在支持我的各种想法，并帮助我把这本书变成现实。我很感激我们能一起度过这样充满挑战的生活！艾萝拉和贾斯帕，谢谢你们花了那么多晚上来帮助我和爸爸，为这本书拍摄了大量的照片。我知道这不是消磨夏日夜晚最好的方式，但你们一直在支持这项工作。你们简直就是我的救兵！妈妈，谢谢您在清晨指导我，即使在我想要放弃的时候，鼓励我坚持下去。

吉尔，我找不到比你更好的搭档了。创作这本书既有趣又富有挑战性。感谢你让我们笑个不停，即使在我的信念动摇的时候，也谢谢你相信我们能做到。你的友谊和我们一起完成的工作，对我而言很重要。朱莉，你是即使在风暴中也能保持冷静的人。感谢你在整个过程中坚定的支持和难以置信的耐心。没有你，这本书就不会存在。非常感谢玛莎·斯图尔特和乔安娜·盖恩斯的慷慨支持。

妮娜，我很高兴你能及时赶回来帮我准备最后的花束！把你的魔力写在纸上是非常重要的。玛琳·马西斯，非常感谢你的热情与奉献，感谢你一直在关注这个复杂项目中的诸多细节。彩虹色的大丽花田是一份杰作，如果没有你们的大力帮助，我们不可能做到这一点。克里斯汀·阿尔布雷希特，我非常感谢你在我写这本书的早期阶段和我一起度过的时光。你明智的言辞和慷慨的信息是无价的。肯·格林威，大丽花的育种是一个非常神秘的领域。感谢你这么多年来无数次的回答我这么多的新手问题，并分享给我梦寐以求的种子。

简·约翰逊，我想你一定不知道你的慷慨对我的生活产生了多么大的影响。谢谢你给了我第一个大丽花块茎，并点燃了我心中的火焰，因为你的园艺和分享，这团火焰至今仍在燃烧。对于我们的农场工作人员，我非常感谢你们为种植这些美丽的花朵所倾注的爱和关怀。苏珊·斯图德·金，谢谢你帮助这本书广为流传。还有小花农场团队的女士们，非常感谢你们在农场最忙的季节坚守阵地，使得我们有时间来完成这本书。

莱斯利·约纳特和莱斯利·斯托克，感谢你们的支持，并一直冷静地帮助我在棘手的出版大海中航行。你们两个是最棒的。非常感谢雷切尔·希尔斯和编年史图书团队，因为你们冒险购入了一本默默无闻的园艺书籍，并且相信有足够多的大丽花迷会让这本书大获成功。阿什利·利马，感谢您为这个项目提供出色的设计，并使之成为我们迄今为止最美丽的书。谢谢，谢谢，谢谢那个神秘的人，多年前他送了我一盒"城堡大道"的块茎。它每年持续繁衍，惊艳了无数人。最后，感谢所有小花农场的粉丝、读者和顾客，感谢你们对这本书的热情。我希望你喜欢它就像我喜欢为你完成这本书一样！

吉尔·约根森

写这本书的过程是美好、有趣且艰难的。我很高兴我能在其中扮演一个角色。艾琳，和你一起写作是最棒的。我们找到一种方法来解释复杂的事物，并出色地完成这项工作，我喜欢这种感觉。这是我一生的荣幸。克里斯，感谢你积极的态度，感谢你总是充满能量，感谢你这些美丽的照片（你甚至使冠瘿病看起来都很美）。朱莉·柴，谢谢你对这本书的关注和坚持，也谢谢你每一次都要做出最好的书的承诺。阿什利·利马，感谢你的耐心和周到，我们努力做出最好的一本书——绝对是一件艺术品。

玛琳·马西斯，你强大的项目管理能力让人刮目相看。谢谢你让我们这么有条理。苏珊·斯图德·金，谢谢你向世界推出了另一个小花农场。对于小花农场团队，感谢你们的种植、照料、收获、挖掘和分株，每一株大丽花都写进了这本书中。你们对我们创意项目的贡献比你们所想象的要大得多。非常感谢我的丈夫乔尔和孩子们科拉和费利克斯，感谢他们在我一年写两本书的时候给予的支持。

我欣赏松弛放松的人生，但我想告诉你的是，如果你集中精力，努力工作，看起来不可能的事情都有可能会发生。我爱我的家人，感谢他们对我工作的支持和热爱。致所有的小花农场粉丝们，我们将尽我们所能制作出一本信息量最大、最美丽的书籍。我希望它能在未来的岁月里激励你。在写这本书的过程中，我常常想起我的祖父乔治，想起他骄傲地站在他珍爱的餐盘大丽花（亮黄色的）前的情景。我真希望现在就能与他谈谈大丽花。

朱莉·柴

艾琳和吉尔，你们是女超人。没有什么比创作这部作品更具有挑战性的了，尽管经历格外曲折，时间紧迫，我们还是完成了它，多亏了你们坚定地想要去完成它，并且把它做好。艾琳，我很感激你有远大的梦想，相信一切皆有可能，是你对花朵的爱，以及花朵给人们带来的种种美好，驱使着你前进。吉尔，你是压力下优雅的典范。感谢你如此关注细节，并面对每一个困难都保持轻松愉快的情绪。克里斯，你的照片充满了魅力。感谢你用心捕捉农场的绚烂与活力，让文字栩栩如生。

莱斯利·约纳特，谢谢你的智慧和不断鼓励，也谢谢你总是顾全大局。莱斯利·斯托克，谢谢你的坚定、对我们的支持以及各种专业指导。雷切尔·希尔斯和编年史图书团队，感谢你们的合作精神和对我们这本书的支持。阿什利·利马，感谢您对我们想要如何讲述这个故事如此热情，并将我们的笔记、草图和想法转化成这些令人惊叹的书页。爸爸妈妈，谢谢你们一直鼓励我，让我明白什么是走自己的路，过自己想要的生活。我的乔治和埃利斯，感谢你们从容应对，当本书在夜晚、周末和家庭旅行时占据了我大部分的时间；为我们所种植的一切感到激动，感谢你们称赞我这个新手做的花束。每天都对你们心存感激。

克里斯·本泽肯

艾琳，爱你，我非常感恩能与你在一起创造出永存于世的这部作品。艾萝拉和贾斯帕，谢谢你们鼓励我们，即使我们没有那么多时间陪伴你们。切丽，谢谢你只对我说我是最棒的。爸爸，谢谢你提醒我什么才是真正重要的。吉尔，谢谢你总是在那里与艾琳来回地讨论想法，在非常困难的事情上进行如此有趣的讨论。朱莉，非常感谢你一直坚持这个项目。非常感谢小花农场团队，在我们埋头筹备这本书的时候，帮助农场的工作一切顺利进行。

209

INDEX
索引

211

责任编辑：王黛君　宋嘉婧
监　　制：黄　利　万　夏
特约编辑：路思维　杨　森
营销支持：曹莉丽
版权支持：王秀荣
封面设计：紫图图书 ZITO

紫图官方微信：紫图图书
紫图官方微博：@ 紫图图书
天猫商城：紫图图书专营店
团购电话：010-84798009

网上试读更多紫图超清晰电子书
获取新书信息，邮购，投稿，为图书纠错，请登录：
紫图官网：http://www.zito.cn
联系电话：010-64360026-103